ハヤカワ文庫NF

〈NF582〉

ハウス・オブ・グッチ

〔上〕

サラ・ゲイ・フォーデン

実川元子訳

HAYAKAWA NONFICTION

早川書房

8753

THE HOUSE OF GUCCI

A True Story of Murder, Madness, Glamour, and Greed

by

Sara Gay Forden

Translated by
Motoko Jitsukawa
Published 2021 in Japan by
HAYAKAWA PUBLISHING, INC.
This book is published in Japan by
arrangement with
TRIDENT MEDIA GROUP, LLC
through THE ENGLISH AGENCY (JAPAN) LTD.

目次　*THE HOUSE OF GUCCI*

下巻目次

ハウス・オブ・グッチ〔上〕

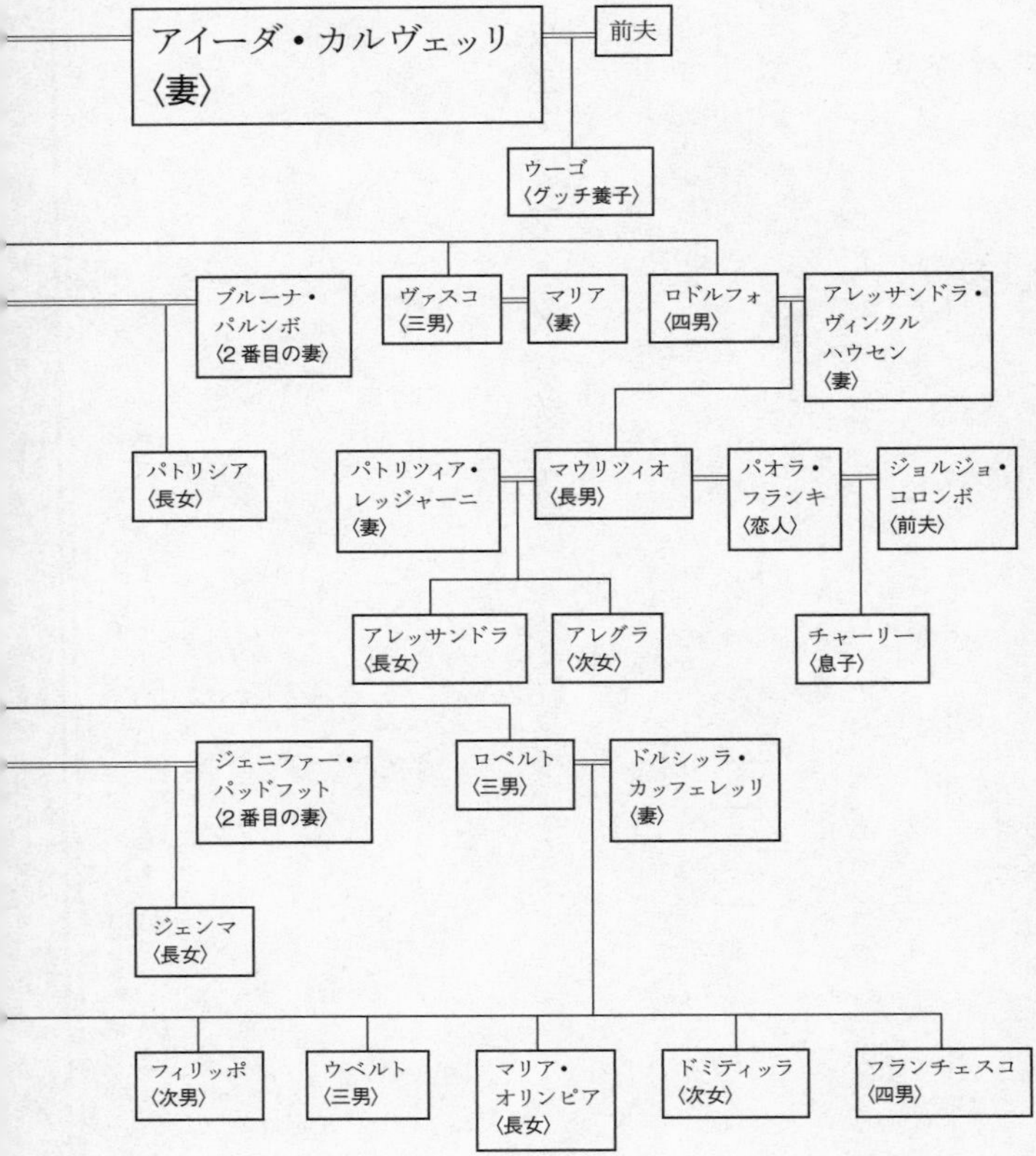

アイーダ・カルヴェッリ〈妻〉
前夫
ウーゴ〈グッチ養子〉
ブルーナ・パルンボ〈2番目の妻〉
ヴァスコ〈三男〉
マリア〈妻〉
ロドルフォ〈四男〉
アレッサンドラ・ヴィンクルハウセン〈妻〉
パトリシア〈長女〉
パトリツィア・レッジャーニ〈妻〉
マウリツィオ〈長男〉
パオラ・フランキ〈恋人〉
ジョルジョ・コロンボ〈前夫〉
アレッサンドラ〈長女〉
アレグラ〈次女〉
チャーリー〈息子〉
ジェニファー・パッドフット〈2番目の妻〉
ロベルト〈三男〉
ドルシッラ・カッフェレッリ〈妻〉
ジェンマ〈長女〉
フィリッポ〈次男〉
ウベルト〈三男〉
マリア・オリンピア〈長女〉
ドミティッラ〈次女〉
フランチェスコ〈四男〉

グッチ一族主要登場人物

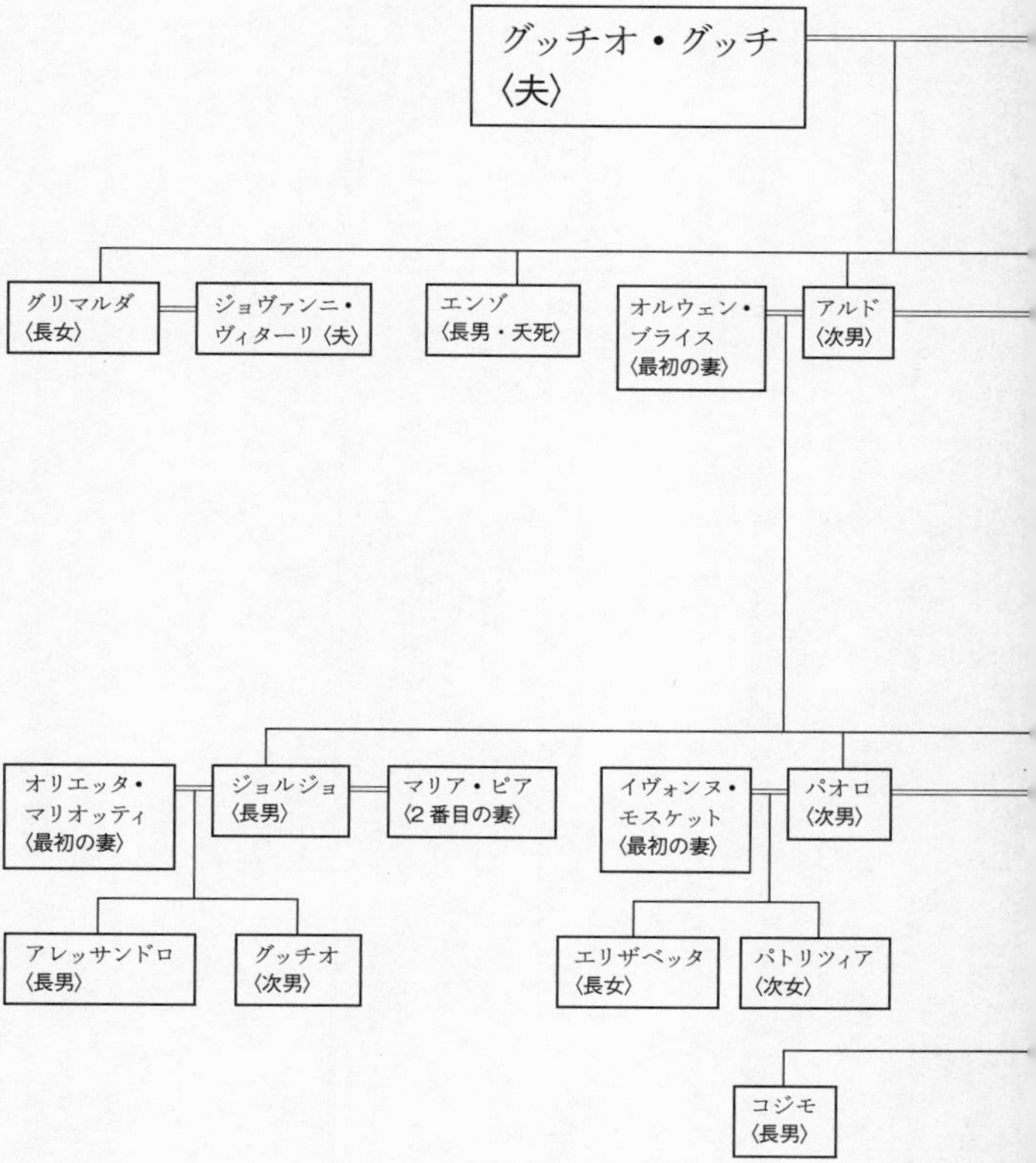

1　それは死から始まった

A DEATH

一九九五年三月二七日月曜日、午前八時三〇分。ジュゼッペ・オノラートは管理人をしている建物の入り口に吹き寄せられた落ち葉を掃《は》いていた。その日、ふだんと変わらず八時に出勤すると、まずパレストロ通り二〇番地の大きな二つの木製ドアを開け放った。ルネサンス様式の四階建てのビルは居住用アパートと事務所が入っていて、ミラノでもっとも洒落《しゃれ》た通りに面している。通りを渡った正面には、なめらかに刈り込まれた芝生を背の高いヒマラヤ杉とポプラが取り囲むプッブリチ公園があり、スモッグにおおわれたせわしない都会でほっとひと息つける緑のオアシスとなっている。

オノラートは掃除の手をふと止めて顔をあげ、通りの向こう側に男が一人たたずんでいるのに目をやった。門を開いた瞬間から、その男の存在には気づいていた。公園のほうに向けて舗道《ほどう》の縁石に直角に停めた緑色の小型車の後ろに、男は立っていた。ミラノのオフィス街にはめずらしくパレストロ通りは駐車が自由にできるため、ふだんは舗道に沿ってずらりと車が並ぶ。だが時間帯が早いせいで、停まっている車はそれ一台だけだ。オノラートの目を引いたのは、地面につきそうなほど低い位置につけられているナンバープレートだ。こんな早い時間にいったいなんの用事だろうか、と彼はいぶかしんだ。髭をきれいにそり、身なりもきちんとしている男は、明るい茶系のコートをはおり、まるで誰かを待っているかのようにヴェネチア大通りのほうをじっとうかがっていた。薄くなっている頭のてっぺんに無意識に手をやったオノラートは、男の豊かな波打つ黒髪を多少うらやましく思った。

一九九三年七月、ミラノばかりかイタリア全土を揺るがしたマフィアによる連続爆弾事件以来、彼はつねに注意を怠《おこた》らないようにしていた。通りに背を向けて掃除を続けるオノラートは、背後から、よく知っている声が「おはよう！」と挨拶《あいさつ》するのを聞いた。オノラートは振り返って、二階にオフィスがあるマウリツィオ・グッチがいつものように元気いっぱいの様子で、キャメルのコートをひるがえしながら玄関前の階段を駆け上がってくるのを見た。

「おはようございます」。オノラートは笑顔で応え、片手を挙げて挨拶した。

オノラートはマウリツィオ・グッチが高級ブランド、グッチを創設した有名なグッチ一族の一人であると知っていた。イタリアでグッチはつねにエレガンスとスタイルの代名詞である。マウリツィオ・グッチは二年前に、グッチ社を投資会社に売り渡して以来グッチのビジネスには関与せず、一九九四年からパレストロ通りに自分の事務所を構えていた。

マウリツィオ・グッチは事務所から角を曲ってすぐのところにある、ヴェネチア大通りに面した荘厳《そうごん》なパラッツォに住んでおり、毎朝たいてい八時から八時半の間に歩いて事務所にやってきた。ときにはオノラートより先にやってきて自分で鍵を開けて中に入り、オノラートが玄関の重い木製のドアを開け放つときには上で仕事をしていることもあった。

マウリツィオ・グッチが階段の最上段まで上り、まさにロビーに入ろうとしたとき、黒髪の男が正面の門を入ってくるのをオノラートは目撃した。瞬間的に、その男がマウリツィオを待っていたのだと彼は思った。それなのになぜ、階段下の足ふきマットのところで立ち止まったのか。彼はいぶかしく思った。マウリツィオは男が後ろからついてくるのに気がつかず、男も呼びとめなかった。

オノラートが見つめる中、男は片手でコートの前を開くと、もう一方の手で銃をつかみだした。その手をまっすぐに前に突き出すと、マウリツィオ・グッチの背中を狙って撃ち始めた。ほんの一メートル弱ほどのところに立っていたオノラートは箒《ほうき》を手にしたまま凍《こお》りついた。男を止められない自分の無力を感じつつ、ショックのあまり茫然《ぼうぜん》と立ち尽くした。

三発、間を置かずに銃声が響きわたった。

オノラートはただ恐怖に目を見開いたままだ。最初の銃弾はマウリツィオの右腰あたりに命中した。二発目は左肩の下を射抜いた。弾があたっているのに、キャメルの布地が震えるだけなのにオノラートは気づいた。「映画で見るのとはずいぶんちがう」と彼は思った。

マウリツィオは何が起こったのかわからないという驚愕の表情で振り向いた。銃を持った男を見たが、見知らぬ人間だったようで、視線はオノラートに向けられ「いったい何が起こった? どうしてだ? なぜこんなことが私に起こるのだ?」という表情が浮かんでいた。

三発目は右腕をかすった。

マウリツィオがうめいてどさりと倒れると、男はとどめの一発を彼の右のこめかみに撃ち込んだ。殺し屋は踵《きびす》を返して立ち去ろうとし、そこにオノラートが目に恐怖を浮かべて立っているのにはじめて気づいた。

オノラートは男の黒い眉毛が驚きで上がるのを見て、自分の存在に気づいていなかったことを知った。

銃を持った腕はまだ前に伸ばされたままで、銃口がオノラートのほうに向けられた。オノラートはそのときやっと、銃身に長いサイレンサーがつけられているのに気づいた。銃を握っている手の指が長く、爪はつい最近マニキュアを塗られたばかりのようだ。

永遠にも思えるほどの数秒がすぎ、オノラートは殺し屋の目を見た。自分の叫び声が耳に入った。

「やめろ——！」。わめきながら後ずさりし、「おれは何も関係ないぞ」と示すつもりで左手を上げた。

殺し屋はオノラートに向けて二発撃ち、正面の門から逃げ去った。オノラートはカチャンカチャンという音を聞き、それが花崗岩《かこうがん》の敷石に薬莢《やっきょう》が転がる音だとわかった。「信じられん」彼は思った。「痛みを感じないぞ。撃たれたときに、痛くないとは知らなかったな」。マウリツィオも痛みを感じなかっただろうか、と彼は考えた。

「そうか、死ぬってのはこういうことなんだな」。ぼんやりと彼は思った。「おれはもうすぐ死ぬ。こんな死に方は残念だ。ひどいじゃないか」

しばらくして自分がまだ立っていることに気づいた。左手を見下ろすと、妙な形にぶらぶらしている。血が袖口《そでぐち》からしたたり落ちていた。ゆっくりと階段の一段目に腰を下ろした。オノラートは助けを呼ぼうとしたが、口を開いても声が出なかった。

数分後、サイレンの音がしだいに大きくなり、警察の車がパレストロ通り二〇番地の前で鋭いブレーキ音を響かせて停まった。四人の制服警官が銃を構えながら飛び出した。

「男に銃で撃たれた」。階段の一段目に座ったオノラートは、駆けつけた警官たちに先ほど目の前で起こった出来事を弱々しい声で報告した。

2　グッチ帝国　*THE GUCCI DYNASTY*

マウリツィオが倒れている通路の両側の白壁とドアに、まるでジャクソン・ポロックの抽象画のように赤い鮮血が飛び散っている。床には薬莢が散らばっていた。通りをへだてたところにあるプッブリチ公園のキオスクの売り子が、オノラートの叫び声を聞いてすぐに警察を呼んでくれた。

「その人がグッチさんです」とオノラートは撃たれた左手をだらりと下げたまま、右手を上げて階段上のマウリツィオの遺体を指差して警官たちに教えた。「亡くなられたのですか？」

警官の一人がマウリツィオのかたわらに膝《ひざ》をつき、首に指を押し当てて脈拍が感じられないのを確かめてからうなずいた。その朝、約束の時間よりも五分早く到着したマウリツィオの弁護士、ファビオ・フランキーニは、冷たい床の上に横たわる遺体のかたわらに絶望した表情でうずくまっていた。警官と救急隊員がそれから四時間にわたって遺体周辺で働いた。救急車と警察車両が続々と到着し、建物の前には野次馬が集まってきた。救急隊員がすぐにオノラートを診察し、殺人課の刑事たちが到着する直前に彼を救急車の一台まで連れていった。殺人課で一二年のキャリアを持つジャンカルロ・トリアッティは、すぐにマウリツィオの遺体を調べた。過去数年間、トリアッティのおもな仕事はミラノに移住したアルバニア移民たちの派閥抗争による殺人事件の捜査だった。特権階級の殺人事件を扱うのは、彼にとってははじめての経験となる。街のど真ん中で、一流ビジネスマンが銃殺されるなどそう毎日起こることではない。

「犠牲者の名前は？」。トリアッティはしゃがみながら聞いた。

「マウリツィオ・グッチだ」。同僚の一人が教えた。

トリアッティは顔を上げ、いぶかしげに表情を崩した。「ということは、おれはヴァレンティノかな」。年がら年中日焼けしているローマ出身のデザイナーの名前を彼は皮肉っぽい口調で挙げた。グッチといえばフィレンツェの皮革製品を扱っている会社じゃないか。そのグッチがミラノで何をしているんだ？

「おれにとっちゃ、誰であろうと殺されてしまえば死体のひとつにすぎないんでね」。のちにトリアッティはいった。

トリアッティは、マウリツィオのだらりと伸びた手の近くにある、血が飛び散った新聞をそっと拾い上げ、まだときを刻んでいるティファニーの時計を外した。注意深くマウリツィオのポケットを探っているところに、ミラノ地方検事のカルロ・ノチェリーノが到着した。現場は混乱していた。カメラマンとジャーナリストたちが、押しとどめようとする救急隊員や警官と争っていた。重要証拠が消されることを恐れたノチェリーノは、どの警察組織が最初に到着したのかとたずねた。イタリアでは、刑事問題や公安関係の任務につき、刑事問題や公安関係の任務につく憲兵カラビニエーレが属する特殊警察、ポリツィアと呼ばれる一般の国家警察とガルディア・ディ・フィナンツァと呼ばれる財務警察の三つの警察組織があり、それぞれ所属する省庁がちがう。そして法執行組織間の不文律として、最初に現場に到着した組織が事件を担当すると決められている。カラビニエーレが最初に到着したと知ったノチェリーノは、ただちに一般警察の警官たちに命じて、時間を追うごとに増える野次馬や記者たちを追い出させ、玄関の大きな門を閉めさせ、正門周辺の舗道を立ち入り禁止にした。それから階段を上がると、遺体を調べているトリアッティのそばにかがんだ。

ノチェリーノと捜査官たちは、こめかみにとどめをさしたやり方がマフィアの処刑に似ているると考えた。傷口の周辺の皮膚と髪は焼けこげており、近距離から撃たれたことを物語っている。

「プロの殺し屋の仕事だね」とノチェリーノは傷口と、捜査班がチョークでしるしをつけた六個の薬莢の位置を確かめていった。

「とどめの一撃をさすこのやり方は、古典的なマフィアの復讐《ふくしゅう》の手口だ」。トリアッティの同僚、アントネッロ・ブッチョルは同意した。それでも刑事たちはとまどっていた。撃ち込まれた弾丸が多すぎる上に、二人の目撃者を殺さないで逃走した。オノラートだけでなく、正門から走り出てきた犯人とぶつかりそうになった若い女性がいたのだ。そのあたりはプロの殺し屋が復讐を果たすときの伝統的なやり口ではない。

トリアッティは一時間半にわたってマウリツィオの遺体を調べたが、結局それから三年かかって彼の人生を詳しく調べ上げるまで、事件の真相は解明されなかった。

「マウリツィオ・グッチのことをそのとき私たちは何も知りませんでした」とトリアッティはのちにいった。「彼の人生をじっくりと洗い直し、ていねいにたどっていかねばならなかったのです」

マウリツィオ自身の話は、まず祖父のグッチオ・グッチから始めなくてはならないだろう。一九世紀末にフィレンツェで生まれたグッチオは、生家が麦藁《むぎわら》帽子の商売に失敗したため、生家から逃れ、荷役労務者になって働きながら英国に渡った。やがてロンドンの有名なサヴォイ・ホテルに彼は職を得た(皿洗い、ベルボーイ、ウェイターや支配人をつとめたという話までさまざまに伝えられているが、ホテルには彼の雇用記録は残っていない)。そのとき彼はきっと宿泊客たちの宝石類や高級シルク地の服、持参するたくさんの旅行鞄《かばん》の贅沢《ぜいたく》さに目を丸くしたにちがいない。トランク、スーツケース、帽子箱などすべてが革で作られ、家紋とイニシャルの飾り文字が型押しされていた。そんな豪華な鞄類が、ヴィクトリア朝時代の英国で、上流階級が集まるメッカだったホテルのロビーのあちこちに積み上げられている。客たちは金持ちの有名人か、そんな人たちと肩を並べたいと願っている人たちだった。サヴォイ・ホテルを辞《や》めたあと、息子たちの話によればグッチオは寝台列車を運営する会社、ワゴン・リに職を得て、大勢の召使いを引き連れ、大量の鞄とともにヨーロッパを列車で旅する金持ちの旅行客を観察しながら四年間働き、金を貯《た》めてフィレンツェに帰った。

故郷でグッチオは、近所の仕立物屋の娘で、彼女自身も仕立物を生業にしているアイーダ・カルヴェッリと恋に落ちた。彼女にはすでに、肺結核の末期で結婚はかなわなかった男との情事で生まれた四歳の息子、ウーゴがいたが、グッチオは気にしなかった。一九〇二年一〇月二〇日、イタリアに戻って一年後に彼はアイーダと結婚してウーゴを養子にした。彼が二一歳、妻は二四歳のときだ。三カ月後に娘のグリマルダが生まれた。アイーダはその後グッチオとの間に四人の子どもを授《さず》かったが、一人は子どものころに亡くなっている。ほかの三人は全員男の子で、一九〇五年にアルド、一九〇七年にヴァスコ、一九一二年にロドルフォが生まれた。

フィレンツェでのグッチオの最初の仕事はたぶんアンティーク・ショップだったと、息子のロドルフォはいっている。その後革製品の工場に移り、支配人まで昇進して商売の基礎を学んだ。第一次世界大戦が勃発《ぼっぱつ》したとき三三歳になっていた彼は、大家族を抱えていた。それでも彼は輸送運転手として徴兵《ちょうへい》された。戦争が終結したとき、グッチオは今度はフランツィというフィレンツェの革工芸品の工房に勤めて、原材料となる革の選別法を学び、乾燥方法やなめし方ばかりでなく革の種類や等級別の扱い方についても勉強した。すぐに工房のローマ支社長に抜擢《ばってき》され単身赴任した。アイーダが子どもたちとともにフィレンツェに残ると言ったからだ。グッチオは毎週末に家族のもとに帰り、早くフィレンツェに戻って高品質の皮革製品を理解する顧客向けのビジネスを興《おこ》したいと願っていた。一九二一年のある日曜日、フィレンツェの街をアイーダとともに散歩しているとき、彼はトルナブオーニ通りとアルノ川沿いにあるゴルドーニ広場を結ぶヴィーニャ・ヌオーヴァ通りという狭い側道に小さな貸店舗を見つけた。彼とアイーダはさっそくそこを借りる相談を始めた。グッチオの貯金と親戚からの借金で、夫婦は一九二一年に最初のグッチの会社、グッチオ・グッチ鞄店をそこに設立し、のちに単独オーナーとなって会社名をグッチオ・グッチ個人商会と変更した。フィレンツェで最高にエレガントなトルナブオーニ通りに近く、グッチが狙う顧客層がショッピングを楽しむ店が周辺にある絶好の立地だ。

最初グッチオは、トスカーナのメーカーをはじめ、ドイツやイギリスから高品質の革製品を仕入れて、今日と同じくフィレンツェに大勢集まってくる観光客に販売していた。グッチオはしっかりとした作りの丈夫なバッグや旅行鞄を手頃な価格帯で売っていた。もし気に入ったものが仕入れられないと、特別に注文生産することもあった。自分自身もエレガントでありたいと願い、つねに高級なシャツとぱりっとプレスがきいたスーツで非の打ちどころなく装《よそお》っていた。

「父には非常に洗練された感性がありました。私たちはみなそれを受け継いでいます」と息子のアルドはいう。「父が売るすべてに、その趣味のよさは刻印されていました」

グッチオは店の裏に小さな工房を開き、そこで独自の革製品を作って輸入品を並べて販売すると同時に、積極的に修繕の仕事をこなしたが、その事業は大きな利益を生むようになった。地元の職人を雇《やと》って、信頼のおける品質とともにサービスのよさでも評判をとった。数年後、グッチオはサンタトリニータ橋を渡った対岸のルンガルノ・グイッチャルディーニ通り沿いにもっと大きな工房を手に入れた。六〇人にのぼる職人を使い、増え続ける注文に応じるために必要とあらば夜遅くまで働かせた。

グッチオの子どもたちは成長するにしたがって家業を手伝うようになったが、養子のウーゴだけは少しも関心を示さなかった。アルドは商売に関して鋭いセンスを見せ、一方「負け犬」というあだ名のヴァスコは製造の責任者となったものの、トスカーナの田園地帯を狩猟して駆け回るほうが性《しょう》に合っていた。長女のグリマルダのあだ名は「ゴシップ好き」で、グッチオが雇った若い営業マンと一緒に店で接客にあたった。ロドルフォは店に出るにはまだ若すぎたが、長じてからも家業を継ぐつもりは毛頭なく、映画の仕事をしたいという夢を追いかけた。

グッチオは子どもたちを厳しくしつけ、自分に対してつねに敬語を使うよう主張した。食事の作法にもうるさく、行儀の悪い子どもには容赦なくナプキンを鞭《むち》がわりに使った。週末になるとフィレンツェ郊外のサンカシャーノにある別荘に家族で出かけ、日曜日には木製の二輪馬車にアイーダと子どもたち全員を乗せてグッチオ自ら手綱を取り、草原を突っ切ってミサに出かけた。

孫息子のロベルト・グッチはいう。「祖父は強烈な個性の持ち主で、尊敬と畏怖《いふ》を要求しました」

一方で、グッチオの商売は非常に順調で、一九二三年にパリオーネ通りに二軒目の店をオープンし、数年の間にヴィーニャ・ヌオーヴァ通りにある店も拡張した。店は何回か移転しているが、最終的に現在ヴァレンティノとアルマーニのブティックが入っている四七—四九番地に落ち着いた。

長男のアルドは一九二五年、二〇歳のときに家業を手伝い始め、最初は地元のホテルに滞在する顧客に荷馬車で商品を配達する仕事についた。また店の掃除や整頓など簡単な仕事もやり、やがて販売や商品展示にもかかわるようになった。

アルドは最初から仕事と趣味をうまく一致させていく才覚を持っていた。営業マンとしての技能を磨くとともに、若くてきれいな女性客をうまく口説《くど》きながら商売に結び付ける才能を発揮するようになった。ほっそりとした身体つきで、明るいブルーの目を持ち、整った顔立ちの魅力的な男性であるアルドのあたたかな微笑に、店にやってくる若い女性たちはたちまち魅了された。グッチオはアルドのそんな魅力が商売に役立っていると評価して、女性たちとのたわむれにも目をつぶっていた。だがある日、一番の上客であるギリシャから亡命したイレーヌ王女が店にやってきて、個人的なことで話がしたいといった。グッチオは王女をオフィスに通した。

「あなたの息子さんは私の侍女とつきあっているんですよ」。彼女はグッチオを責める口調でいった。「つきあいをやめさせるか、さもなければ私は侍女を実家に帰さなければなりません。私には彼女に対する責任がありますからね」

グッチオは、つきあっていい女と手を出してはいけない女がいることをアルドにしぶしぶ注意はしたものの、ひんぱんに買い物してくれる重要な顧客を失いたくもなかった。そこで息子をオフィスに呼んで釈明を求めた。

アルドがイギリスの田舎からやってきた明るい色の目をした赤い髪のオルウェン・プライスとはじめて会ったのは、フィレンツェの英国領事館で開かれたレセプション・パーティーの席上だ。オルウェンは王女について店にやってくることもあった。大工の娘として育ち、仕立て技術を身につけた彼女だったが、貴婦人の侍女になって海外で職を得ることに熱心だった。恥じらいをこめたしとやかな物腰と、音楽的に聞こえる英国風アクセントと自然な仕草で彼女はアルドを魅了した。個人的に会ってくれとアルドは強引に迫り、おとなしそうな彼女に実は冒険精神が潜《ひそ》んでいることを発見した。二人は恋人となり、トスカーナの田園で逢《あ》い引《び》きを重ねた。アルドはすぐにオルウェンとの関係がたわむれではないと感じた。グッチオと王女に対して、彼はオルウェンと結婚するつもりだと告げて二人をびっくりさせた。

「これからはオルウェンはあなたの責任下にありません」とアルドは堂々と王女に宣言した。「彼女は私のもので、私が彼女の面倒を見ていくつもりです」。オルウェンがすでに妊娠していることは話さなかった。

アルドはオルウェンを家に連れてきて姉のグリマルダに預けたが、トスカーナの田園地帯で人目を盗んで会うことはやめなかった。そしてイギリスまで彼女の家族に会いに行った。二人は一九二七年八月二二日にオルウェンの故郷であるシュルーズベリー近くのウェスト・フェルトン近郊にあるオズウェストリー村の小さな教会で結婚式を挙げた。花婿二二歳、花嫁一九歳だった。長男のジョルジョが一九二八年に生まれ、アルドはこの息子のことを生涯「イル・フィリオ・デル・アモーレ」、愛の息子と呼んだ。一九三一年にはパオロ、一九三二年にはロベルトと結局三人の息子たちに恵まれた。だが結婚生活はけっして幸せではなかった。アルドもオルウェンも向こう見ずな恋にスリルを感じていたときは互いに夢中だったが、フィレンツェに腰を落ち着けて家庭を築くとなると話は別だった。最初、若い夫婦はグッチオとアイーダと同居したので、オルウェンはグッチオの厳しい威圧的なやり方にしたがうことにも、イタリア式の家庭生活に合わせることにも苦痛を覚えた。城壁都市の名残《なご》りである石造りのサンフレディアーノ門近くにあるヴェルザイア広場に面した古いグッチ家のアパートで、家族は押し合いへし合いしながら暮らした。やがてフィレンツェ郊外に自分たちの部屋を見つけて引っ越すと、緊張をはらんでいた夫婦関係は一時落ち着いた。オルウェンは三人の息子たちの世話にかかりきりになり、一方アルドは家業にますます精を出した。彼女はイタリア語がなかなか流暢《りゅうちょう》に話せるようにならず、引きこもりがちで、友だちもなかなかできなかった。夫が仕事で自分の世界を広げようとすると、妻は獰猛《どうもう》なばかりに独占欲をむきだしにして恨《うら》みがましくなった。

「アルドは人生を愛し楽しんでいたが、彼女は夫がやりたがることにいちいちケチをつけました」と姉のグリマルダはいう。「一緒に出かけようと誘っても、いつだって子どもの世話を口実に拒《こば》んでいたわ。そんなのは弟が望んでいた結婚生活ではなかった」

グッチオとアイーダの末子であるロドルフォは、姉や兄たちがヴィーニャ・ヌオーヴァ通りの店で接客する姿を見ても家業に少しも関心を見せなかった。ロドルフォには別の夢があった。映画に出演することだ。

「おれは客商売には向いてないよ」。家族からフォッフォと呼ばれていた若いロドルフォは反抗的で、グッチ家の家長にため息をつかせた。「映画の世界に入りたいんだ」

グッチオは末息子がどうしてそんな夢を持つようになったのかさっぱりわからず、なんとかあきらめさせようとした。一九二九年のある日、ロドルフォが一七歳だったとき、父は彼を重要な顧客のもとに商品を届ける使いに出した。ローマのホテル・プラザのロビーにいた美貌の彼に、イタリアの映画監督、マリオ・カメリーニが目をとめ、スクリーン・テストを受けるよう誘った。カメリーニはロドルフォを気に入り、初期イタリア映画の傑作とされる映画『線路』で役を与えた。二人の若い恋人たちが、鉄道線路脇の安ホテルで自殺することを決意するというドラマチックなストーリーだ。ロドルフォの顔立ちは繊細で表情が豊かで、当時の様式化された映画にはうってつけだった。『線路』に出演後、彼はコミカルな役でもっとも有名な俳優となり、誇張した表情や笑いをとる滑稽《こっけい》なしぐさがチャーリー・チャップリンを彷彿《ほうふつ》とさせるといわれた。芸名はマウリツィオ・ダンコーラとした。その後初出演作品を超える成功をおさめた作品には出会わなかったが、イタリアの名女優、アンナ・マニャーニと共演して彼女と浮き名を流した。

初期の作品の撮影現場で、端役《はやく》を演じている一人の陽気なブロンドの女優がロドルフォの目にとまった。その時代にはめずらしく、因習にとらわれずにいきいきと活発に行動するアレッサンドラ・ヴィンクルハウセンは、映画界ではサンドラ・ラヴェルと呼ばれていた。アレッサンドラのドイツ人の父親は化学工場で働く労働者で、母はスイスのイタリア語を話す地域、ルガーノ湖北岸に住むラッティ家の出身だった。ロドルフォが目をとめてまもなく、アレッサンドラは初期トーキー映画『闇の中で二人』で彼の相手役を演じた。若く冒険心旺盛なスターの卵が、ひょんなことからまちがったホテルに泊まってロドルフォ演じる若い男性のベッドにもぐりこむというストーリーで、ロドルフォは現実の彼女にもぞっこん惚《ほ》れ込んでしまった。映画の中の恋愛は、撮影現場を離れたところでも続いた。アレッサンドラとロドルフォは一九四四年にヴェネチアでロマンチックな結婚式を挙げた。ロドルフォは結婚式の模様を映画に撮り、若いカップルがゴンドラに乗っていく姿や幸せそうに披露宴で乾杯する場面を記録した。一九四八年九月二六日に息子が生まれると、二人はロドルフォの芸名をとってマウリツィオと名づけた。

ロドルフォがまだ家業を継ぐ気がなく映画界でのキャリアを追求していた一九三五年、ムッソリーニがエチオピアに侵攻した。イタリアから遠く離れた国で起こった事件は、グッチのビジネスに大きな影響を及ぼした。国際連盟がイタリアに対し禁輸措置をとったためである。五二カ国がイタリアへの輸出を拒否し、グッチオは高級皮革をはじめ最高級のバッグや鞄を作るために必要な原料を輸入できなくなった。自分が興した小さなベンチャー企業が実家の麦藁帽子ビジネスと同じ運命をたどることを恐怖したグッチオは、工場での生産品を軍向けの靴製造へと方向転換した。

だが、サルヴァトーレ・フェラガモが禁輸措置がとられていた暗黒の期間に、代替材料ですばらしい靴を作り出したのと同様、グッチオも生き残り策を見出した。フェラガモは靴が作れそうな素材はすべて試し、コルク、ラフィア椰子《やし》からキャンディを包んでいるセロファンにいたるまで利用した。一方グッチ家は、イタリア国内で調達できる皮革を買い集め、クオイオ・グラッソ（脂《あぶら》を塗った革）をサンタクローチェ教会界隈にある地元のなめし革工場で加工した。トスカーナ地方に広がるキアーナ渓谷《けいこく》の青々と茂った草を与えられた子牛は、皮革に傷がつかないように牛舎の中で育てられる。皮革は外側を処理されて、魚の骨からとった脂を塗られる。この処理で、やわらかくなめらかでしなやかで、表面のひっかき傷は指でこするだけで魔法のように消えてしまう皮革ができあがる。クオイオ・グラッソはすぐにグッチの看板素材となった。グッチオはラフィア椰子や柳の枝を編《あ》んだ細工を使い、木などを組み合わせて皮革を使う部分をできるかぎり抑える工夫をした。布地に革でトリミングしたバッグも考案した。カナパ、つまり麻を使って特別に織らせた布地をナポリから取り寄せた。この素材を使ってグッチは、頑丈なつくりだが軽いユニークな旅行鞄を作り、これはすぐにもっとも成功した商品となった。グッチオはまた会社最初のロゴマークも発案した。皮革の自然な色の上に、小さなダイアモンドをつなげた形をこげ茶でプリントした――Gを二つ組み合わせた有名なロゴに先立つものである。素材を裏返しても同じようにロゴが見えた。現在でも鞄はグッチ社の核となる商品だが、ほかの商品の開発も始めた。鞄など大きなものを探していない客にも足を運んでもらうためには、ベルトや財布などの小物が役立ち、売上げに貢献することを発見したからだ。

同時期にアルドはイタリア全土とヨーロッパの一部地域に旅行して、販路拡大の可能性を探った。前向きな反応はまずローマで得られ、つぎにフランス、スイス、イギリスでも好感触を得たアルドは、フィレンツェだけにとどまっていてはグッチ発展の芽を摘むことになると確信した。グッチにはわざわざ遠方から来店する客がこれほど大勢いるのだから、いっそグッチのほうから顧客に近づく方法を考えてもいいのではないか。そこでアルドは父を口説いた。

息子からの提案がなければ、グッチオはフィレンツェ以外に店を出すなど考えもしなかっただろう。「リスクはどうする？　莫大な資金が必要なんだぞ。どこから金を調達するのだ？　銀行に行って金を貸してくれるかどうか自分で確かめてこい」

家族間の話し合いではグッチオはアルドの提案をことごとくはねつけたが、陰ではこっそりと銀行をまわって息子の計画の後押しをしてくれるよう根回しをしていた。

アルドはついに自分のアイデアを実現した。一九三八年九月一日、第二次世界大戦勃発の一年前に、グッチはエレガントなコンドッティ通り二一番地の由緒《ゆいしょ》ある建物、パラッツォ・ネグリにローマ店を開店した。当時コンドッティ通りにあった有名店は、最高級宝飾品を販売するブルガリと、高級シャツメーカーで顧客にウィンストン・チャーチルやシャルル・ド・ゴールやイタリア王室サヴォイ家を抱えるエンリコ・クッチくらいだった。

ローマが経済的に発展して、映画『甘い生活』で描かれるような華やかな時代を迎えるよりはるか前に、アルドはイタリアの首都が世界中の特権階級を惹《ひ》きつける世界有数の人気観光地になると読んでいた。父は高い見積もりに首を振り続けたが、アルドは裕福で洗練された旅行客をグッチの店に惹きつける店作りに金を惜《お》しむべきではないと主張した。店は二階分を占有し、入口の二重ガラスのドアについている象牙《ぞうげ》の取っ手にはオリーブの柄《がら》が彫られていた。

「取っ手はヴィーニャ・ヌオーヴァの店と同じデザインにしました。グッチの最初のシンボルでしたからね」とアルドの三男、ロベルトはいう。

第二次世界大戦後、イタリアは国の再建に苦闘した。だがグッチの商売は繁盛していた。戦争が終わって国に帰るイギリスとアメリカの兵士たちが、土産にグッチのバッグ、ベルトや財布をローマの店で買い求めた。とくに「スーターズ」と呼ばれるスーツケースは、軍服を持ち運ぶのにぴったりだと将校たちに人気だった。需要に供給が追いつかず、生産体制を見直す必要があった。

ルンガルノ・グィッチャルディーニにあった工房は、ドイツ軍が退却のときにサンタトリニータ橋をはじめフィレンツェ内の橋をいくつも爆破したときから操業を停止していた。一家は皮革製品の製造工房として新しい場所を探すことになった。

そして一九五三年、グッチオはアルノ川を渡ったオルトラルノ地区にもう一つ工房を作った。カルダイエ通りの由緒ある建物の中に作られたこの工房は、一九七〇年代までグッチの生産をになう重要な拠点となる。

需要が増えるにつれて、若い職人たちが雇われて、カポ・オペライオと呼ばれるグッチの古手革職長の厳しい監視のもとで徒弟奉公に励んだ。若手の見習い職人と臨時雇いの職人たちで構成されるチームは、一人ひとりがグッチのマークと身分証明番号が振られたバッジをつけて——その番号は朝と夕に押すタイムレコードの番号と一致していた——バンコと呼ばれる作業台で働いた。グッチが一九七一年フィレンツェ郊外に近代的な工場を開業するころには、カルダイエ工房で働く人たちの数は二倍の一三〇人までふくれあがっていた。

トスカーナ地方の革職人たちはグッチを最高の職場だとみなしていた。好不況に関係なく、ゆりかごから墓場まで面倒を見てくれるからだ。

「公務員になったのも同然でしたね」とカルダイエ通りの工房に一九六〇年に見習いとして雇われたカルロ・バッチはいう。「グッチに採用されたら、終身雇用だと考えてよかったんです」。トスカーナの軽く弾むようなアクセントで彼は話した。「ほかの工場では仕事が少なくなると自宅待機となりましたが、グッチでは仕事は保障されていました。作れば売れることがわかっていましたから、生産を止めることはありませんでした」。カルダイエ通りで一一年働いたあと、バッチは自分で革製品の会社を作り、同じようにグッチを出て自社を設立した職人たちと同様、今日にいたるまでグッチに製品を納め続けている。

グッチ社が1953年にカルダイエ通りに取得した工房で働く職人たち。13世紀に建てられた由緒ある邸宅を改造した工房では、美しいフレスコ画が描かれた天井のもとで革製品が作られた。（グッチの厚意により掲載）

職人は、バッグを一人で作り上げられる腕前を持ったときに一人前とされる。どの職人も最初から最後まで、ときには百もの革生地を縫いあわせて、一つのバッグをおよそ一〇時間かけて一人で責任を持って仕上げる。「職人は一人ひとり自分の仕事に責任を持ち、自分の番号をバッグにふっていました。傷があれば、番号の製作者のところに戻されたのです。分業して作っていく体制はとられていませんでした」。フェラーリはいまだに当時自分が作っていたバッグ一つひとつのスタイルを苦労してスケッチしたノートを、何冊も大事に保管している。

「ミシンのほかに必要なのは、テーブルと器用な二本の手、そしてよく働く頭でしたね」とフェラーリはいう。

バッグのデザインはたいていはグッチ家の誰かから出されたが、職人たちもデザインのアイデアを出すようにいわれ、グッチ家が承認すれば商品化された。

竹の取っ手をつけた通称バンブーバッグと呼ばれる製品は、当時は製品番号の０６３３とだけ呼ばれていたが、職人のデザインが商品化された一例だ。誰がいつデザインしたのか記録は残っていないが、ファッション史の専門家でグッチに関する資料をまとめる手伝いをしたアウロラ・フィオレンティーニは、一九四七年ごろのことではないかという。竹素材を採用したのは、禁輸措置が取られて代替の素材を使わざるをえなかった戦中のことだ。最初のバンブーバッグはアルドと当時の職長によって開発されたが、アルドがロンドンに旅行したときに持ち帰ったバッグを原型として、はじめは革の取っ手がつけられていた。その特徴的な形は鞍《くら》の側面にヒントを得ている。まるで小型の金庫のようにかっちりとした形は、それまでグッチが得意としてきたやわらかな形とははっきりちがっていた。熱を加えて竹を手で曲げて取っ手にしたバッグはスポーティーな感覚を与え、やがてそれはグッチ製品の特徴となった。数年後、ロベルト・ロッセリーニは映画『イタリア旅行』で主演の若いイングリッド・バーグマンにグッチのバンブーバッグと傘を持たせている。

グッチ一族は自社で働く職人たちと親密な家族的関係を築き、職人たちを名前で呼び、名匠といえる技を持った古株の職人たちの背中も陽気に叩いて励まし、家族の様子をたずねるのを忘れなかった。

戦後、グッチ内でアルドが存在感を増し、彼がマーケティングで非凡な才能を発揮するようになってグッチの名前は世界中に知れ渡った。老いたグッチオは、フィレンツェにすべてのビジネスを統合してしまおうとした。アルドの遠大な計画によって、これまで獲得したものを失うことを恐れたグッチオは、息子のアイデアにはいちいち異を唱えた。

いらいらとハバナ産葉巻の灰を落としながら、グッチオはいつもズボンの右ポケットに時計を入れ、左のポケットにもったいぶって手を突っ込んで空っぽの手を出すと、広げてみせた。「金はあるのか？　金があれば好きなことをやればいいさ」とよくいった。

そう言いながらグッチオは本心ではアルドのビジネスの才能を認めていた。ローマの店は繁盛していた。ハリウッドのスターたちは映画『甘い生活』で描かれたとおり、この首都で毎日お祭り騒ぎに浮かれていた。スターたちはグッチの店に箔《はく》をつけ、顧客の獲得に大きな役割を果たした。ゆっくりとグッチオはアルドに道を譲り始めた。ビジネスの拡大をはかろうとするアルドの計画をめぐって父と息子が激しい口論を繰り広げることは変わらなかったが、グッチオはこっそりと息子を助けて、計画遂行《すいこう》のための資金を得るために銀行に足を運んだ。

そのうちにアルドは海外にも目を向けるようになり、ニューヨーク、ロンドンとパリに支店を出すことを考えるようになった。なぜ客がやってくるまで待っていなくてはならないのか？　こちらから出向けばいいことだ。資金繰りをアルドが心配している様子はなかった。父はためらったが、息子は自分のアイデアが必ずうまくいくにちがいないと確信していた。

生まれながらにマーケティングに関して鋭い勘を持っていたアルドだが、品質を追求しつづける父の姿勢は尊重し、「価格は忘れても、品質は記憶に残る」というモットーを豚革張りのプレートにゴールドの文字で型押しして、店の目立つところに掲げ《かか》た。

アルドはまたいかなる製品もスタイルとカラーの調和がとれていることを「グッチ・コンセプト」として掲げ、それこそがグッチらしさだと訴えた。グッチ製品のアイデアの多くは馬具と馬に関するものからとられた。鞍《くら》と同じく二重にステッチがかけられ、鞍を固定する腹帯のストラップから緑と赤の帯紐のヒントが生まれ、そして鐙《あぶみ》とはみをつなぐ金具（ホースビット）の形はグッチの商標になった。やがてアルドの巧みなマーケティングによって、グッチが中世の宮廷で鞍を作っていた由緒ある家柄であるという伝説が作られた。グッチが顧客層としている上流階級にぴったりのイメージである。鞍のような縫製や乗馬のアクセサリーをディスプレイすることで、この伝説がますます本当らしく彩られ、実際に乗馬関連の商品も売られた。伝説は生き続けた。今日でもグッチ家の人々や以前の従業員の中には、大昔グッチ家は鞍を作っていたといっている人たちがいる。

「真実をあきらかにしたいわ」。グッチオの長女、グリマルダは一九八七年にあるジャーナリストに打ち明けた。「グッチ家は鞍を作っていたことはありません。グッチ家はフィレンツェ近郊のサンミニアート出身なんです」

一九五〇年代はじめには、グッチのバッグやスーツケースは洗練されたスタイルと趣味を象徴するようになった。エリザベス二世は即位する少し前にフィレンツェのグッチ店を訪れたし、エレノア・ルーズベルト、エリザベス・テイラー、グレース・ケリーやケネディ元大統領と結婚する前にジャクリーン・ブーヴィエも訪れている。ロドルフォの映画スター時代のコネで、ベティ・デイヴィス、キャサリン・ヘップバーン、ソフィア・ローレンやアンナ・マニャーニなど大スターたちも顧客に名を連ねた。

「第二次世界大戦後、イタリアは高級贅沢品――手作りの革靴、ハンドバッグや高級ゴールドジュエリー――の中心地になりました」というのは小売業の大ベテランで、現在はニーマン・マーカスの上級副社長でファッション・ディレクターをつとめるジョーン・ケイナーだ。

「長い間物不足の時代が続いたあと、グッチは人々がステータスシンボルとして見せびらかしたくなるヨーロッパの最初のブランドになったのです。グッチの名前にはじめて私が注目したのは戦後すぐです。グッチのおかげで、人々はお金を払えば品質のいいものを手に入れることができると実感しました」

3　グッチ、アメリカに進出する

GUCCI GOES AMERICAN

アメリカ人のイタリアのデザインに対する関心が高まるにつれて、アルドはアメリカで、とくにニューヨークでグッチを展開したい、と考えるようになった。アメリカ人はこれまでもグッチの最高の顧客だった。彼らは手作りの革バッグやアクセサリーのクオリティとスタイルを愛した。アルドはグッチオに、ぜひともニューヨークで開店するようにと強く迫《せま》ったが、父はいつもと同じように空の左ポケットを示して「金がない」と答えるばかりだった。

「どうしてもやるというのならおまえの首をかけてやれ。おれからの資金をあてにするな」とグッチオは息巻いた。「必要なら銀行に行って、どれほどのリスクを負わねばならないのかよくよく聞いてくるがいい！　そりゃおまえは正しいかもしれないさ。おれはど

う せ年寄りだからな」。しかしグッチオはしだいに軟化していった。「自分の庭で作った野菜が一番だと信じ込んでいる古くさい人間なのさ、おれは」

その時点でアルドは、もうそれ以上父にしたがう必要はなかった。ついにゴーサインが出たのだ。さっそくニューヨークに飛んだが、ローマ、パリ、シャノンとボストンを経由して、当時は二〇時間近くかかった。ニューヨークでアルドはフランク・デュガンという弁護士と会い、計画を実行するにあたって助けを求めた。その後彼は、弟のロドルフォとヴァスコをともなってあらためてニューヨークを訪れた。到着するとアルドは、弟たちを連れてはりきって五番街の高級店をあちこち案内した。

「このシックな通りにグッチの看板が掲げられるのを見たいだろ？」。彼は聞いた。結局最初のグッチ店は、五番街から少し入った東五八番通り七番地にショーウィンドウ二つ分の小さな店でオープンした。デュガンの協力で、グッチはアメリカで最初の法人組織グッチ・ショップス有限会社を設立し、資本金六〇〇〇ドルでスタートした。新しいグッチ社はアメリカ市場でグッチの登録商標を使用する権利も獲得した。イタリア国外でグッチの登録商標の使用が許可されたのはこのときだけだ。その後グッチが海外に設立した会社は、すべてフランチャイズ契約を結んだ。

アルドはフィレンツェのグッチオに電報を送り、あらたに設立した会社の名誉会長に父を任命したと伝えた。

グッチオは火を噴きそうな勢いで怒った。

「すぐに帰ってこい、このバカ息子が！」。グッチオは電報で返事をした。おまえらは愚《おろ》かで無責任だ、と責め、まだ自分が死んでないことを思い出させた。こんな危なっかしい計画を推し進めるというのであれば、遺産を与えないと脅《おど》した。アルドは悪いほうにばかり予想し脅す父を歯牙《しが》にもかけなかった。彼はまた、年老いた父が亡くなる一年前に、ニューヨークに連れてきて新しい店を見せた。グッチオはまるで自分の発案でニューヨーク店がオープンしたかのように大興奮した。友人たちには、自分がやれといったのだとさえいっていた。「コンメンダトーレ！」と友人たちはイタリアが君主制だったころの勲位で、グッチオに賞賛を捧《ささ》げた。「きみの慧眼《けいがん》には恐れ入るよ！」

「結局アルドの計画がけっして無謀ではなかったということを見届けるまで父は生きていました」とグリマルダはいった。

グッチオは七〇代で、人生に何一つ不満はないはずだった。商売はフルスピードで拡大していた。グッチの名前はイタリアばかりでなく、遠くアメリカでも広く知られている。三人の息子たちは積極的に事業を展開し、いつの日か家族経営企業を継いでくれるであろう孫たちも順調に育っている。あらたに孫が生まれるたびに、グッチオはこういったそうだ。「革のにおいをかがせろ。それがこの子の将来を決定づける香りとなる」

グッチオは自分の息子たちと同じように、孫のジョルジョ、ロベルトとパオロに店で包装と配達の仕事を手伝わせ、それがビジネスを学ぶ第一歩にして唯一の道であると固く信じていた。ロドルフォの息子マウリツィオはまだ幼く当時ミラノに住んでおり、グッチ家の教えの洗礼を受けていなかった。

一九五三年にアルドがニューヨーク店を開店した一五日後の一一月のある日、妻のアイーダと映画を見に出かけようとしていたグッチオは、突然心臓発作を起こして倒れ、そのまま亡くなった。七二歳だった。支度《したく》に手間取っていることをいぶかしんだアイーダが上の階にあがってみると、バスルームの床に夫は倒れていた。まるで時計が針を止めるように、心臓が動きを止めたんです、と医師はいった。献身的に夫に尽くした妻も、それから二年後に七七歳で亡くなった。皿洗いから身を興《おこ》したグッチオ・グッチは百万長者となり、彼が築いたビジネスは二つの大陸で有名になった。息子たちはその帝国を運営し、父はのちにグッチ帝国の代名詞ともなった家族間の醜《みにく》い争いを見ずにすんだ。だが責任はグッチオ自身にもある。彼は息子たちを互いに競わせた。競争させることで、もっといい結果が出ると信じていたからだ。

「祖父は互いを闘わせて、根性を見せろ、とけしかけました」とパオロはいう。

最初の家族間の争いはグッチオ自身が種をまいた。女性だからという理由で長女グリマルダには事業の権利をいっさい相続させなかったことが原因だ。夫とともに献身的に店の経営に尽くしてきたグリマルダは、納得がいかず裁判を起こしたが結局諦めて手を引いた。だが女性が会社の経営にたずさわることはできない、というグッチオの古い考え方が後々まで尾を引き、グッチ家により大きな争いを引き起こすことになる。

息子たちにとって、グッチオが死んでくれたことはいろいろな意味でありがたかった。しっかりとした指導力を失ったことは痛手だったかもしれないが、息子たちははじめて自分たちの目標を自由に追求していけることになり、ビジネスを三つにわけてリスクを分散させることで、少なくとも最初はすべてうまくいっていた。アルドはついにグッチを海外市場で拡大していくという夢を好きに追いかけることができるようになり、世界のあちこちを飛び回った。ロドルフォはミラノの店を管理し、ヴァスコはフィレンツェで工場を経営した。ロドルフォとヴァスコは、グッチオが残した価値観や方向性からあまりにも外れていると感じたときでなければ、めったにアルドに意見することがなかったために、三人の間の調和はうまく保たれていた。

アルドは、ムッソリーニの愛人だったクララ・ペタッチが住んでいたといわれるヴィッラ・ペタッチに隣接した土地に建てた広大な豪邸にオルウェンを住まわせた。ローマのカミッルッチャという郊外の丘陵地帯に続く街路樹が連なる通りに面した屋敷で、現在この地域はローマ随一の高級住宅街になっている。アルドは屋敷にはほとんど帰らず、ヨーロッパ内とアメリカを旅して回り、グッチの名前を刻む街をつぎつぎ開拓するのに忙しかった。離婚したのはずっとあとではあるが、彼とオルウェンの結婚生活はとうの昔に破綻《はたん》していた。アルドはコンドッティ通りの店で雇った黒髪の若い店員をアシスタントとしてニューヨークに連れていった。ブルーナ・パルンボという女性は、情熱的なイタリアの映画女優、ジーナ・ロロブリジーダに似ていた。彼女はアルドとともに西五四番通り二五番地の、近代美術館の前にある彼が借りた小さなアパートで同棲を始めた。最初、二人の関係は内密にされていた。アルドはブルーナに惚《ほ》れ込んで高価な贈り物攻めにし、グッチの事業が着実に拡大していく喜びを分かち合おうとした。一緒に旅行しようと誘ったが、彼女は愛人という立場に困惑して渋った。何年ものちに二人はアメリカで結婚することになる。オルウェンは結局最後まで離婚を承諾しなかった。アメリカで結婚したあと、ブルーナはやっとアルドと一緒にパーティーや店のオープニングに出るようになり、彼は彼女を「グッチ夫人」と紹介した。

一方、ロドルフォはミラノの店の経営にあたるかたわら、グッチの最高級ハンドバッグや金属製品をデザインした。「ロドルフォのセンスはこの上なく洗練されていました」と一八年間グッチで働き、ミラノ店をロドルフォのもとで一九六七年から七三年まで切り盛りしていたフランチェスコ・ジッタルディは振り返る。「クロコダイル革に十八金の留め金をつけたバッグをデザインしたのは彼です。そういう豪華なものが好きで、何時間もデザインを考えていました」

三人の男兄弟の中でもっともロマンチックな性格だったのもロドルフォで、服装も俳優だったころと変わらずおしゃれだった。深緑とゴールドという奇抜な色のヴェルヴェットのジャケットにつやのあるシルクのポケットチーフをアクセントにしたり、夏になるとベージュの麻のスーツをぱりっと着て、黄色のストローハットをかぶったりした。

この時期ヴァスコもまたフィレンツェでオリジナル・デザインを手がけており、一九五二年から工場で働き始めたアルドの息子、パオロのお目付け役もつとめていた。ヴァスコが仕事以外で打ち込んでいたのは、狩猟とショットガンのコレクションとランボルギーニでのドライブで、趣味人の彼についたあだ名は「夢見る男」である。

三人の息子たちの中でアルドがビジネスに一番熱心に取り組み、重要な決定のほとんどを下したが、つねに弟たちの合意を得ることを忘れなかった。

「アルドはいつも家族が全員一致で同意することを望んでいました」とジッタルディはいう。「アイデアを出すのは彼だったかもしれませんが、決定は家族会議で下されました。

つまり家族はみな彼の勘がいつも正しいと認め、彼が考えたとおりにやらせるようにしていたのです。とくにつぎの店をどこに出すかということに関してはね」とジッタルディはいう。

アルドはアメリカとヨーロッパの間を忙しく往復していた。一九五九年にはローマの店を現在のコンドッティ通り八番地に移転した。スペイン階段からほんの数歩のところで、由緒《ゆいしょ》あるカフェ・グレコと通りをへだてて向き合う好立地だ。一九六〇年にははじめてニューヨーク五番街に面した店を、五五番通りの角にあるセント・レジス・ホテル内に出した。翌年グッチはイタリアの温泉地モンテカティーニ、ロンドンのオールド・ボンド・ストリート、パームビーチのロイヤル・ポインチャーナ・プラザとつぎつぎ出店した。最初のパリの店は、ヴァンドーム広場近くのフォーブル・サントノレ通りに一九六三年に開店した。二番目のパリの店は、ロワイヤル通りとフォーブル・サントノレ通りの角に一九七二年にオープンしている。

アルドの息子たちは三人とも母のおかげで英語を流暢に話し、アルドは息子たちをニューヨークの店に連れていって修業させたが、もっとも商売熱心だったのは一番下のロベルトだ。彼は一〇年もニューヨークで働き、フィレンツェに戻ってグッチの本社を設立し、フランチャイズ店をベルギーとアメリカに開くなど、アルドの片腕となってグッチの発展に貢献した。一方、長男のジョルジョは内気で、ニューヨークにはまったくなじめずにすぐに帰国しローマ店の経営にたずさわっていた。ところが驚いたことに、成人後最初にグッチ家の枠を破って飛び出したのは、一番おとなしいと思われていたジョルジョだった。臆病ではあったが、ジョルジョは自分の生き方を断固として貫くところがあり、父と叔父のロドルフォの両方のやり方に憤慨《ふんがい》して、以前にグッチで販売員をしていてのちに彼の二番目の妻となるマリア・ピアという女性とともに独自のグッチ・ブティックを開くと決意した。ローマのコンドッティ通りの一本南に並行して走っているヴォルゴニョーナ通りに開店したジョルジョのブティックは、グッチの店とほんの少しコンセプトがちがっていた。より若い顧客層に向けて品揃えをし、より安価なアクセサリーやギフト・アイテムを並べたのだ。彼とマリア・ピアは独自のバッグやアクセサリーを開発し、グッチの工場で生産した。ジョルジョの反抗は最初はたいへんな裏切り行為とされたが、のちに一族の不和がより深刻になるとたいした問題ではなくなった。

ジョルジョと彼が出店したグッチ店について聞かれると、アルドはこう答えた。「あの子ははぐれものの黒い羊なんだよ。クルーズ船から手こぎボートで逃げ出したんだが、いつか必ず戻ってくるにちがいない！」。一九七二年にグッチ・ブティックは本体に吸収されたが、ジョルジョとマリア・ピアは変わらず店の経営を続けた。

アルドの次男のパオロは少年のころからローマ店で接客の手伝いをして育ち、やがてフィレンツェに落ち着いた。多くの人々から三人の息子の中では一番クリエイティブな才能があるといわれていたパオロは、叔父のヴァスコの工場で働き始め、やがて自分にデザインの才能があると気づいた。アイデアを製品化するコツを呑み込むと、まもなくグッチのすべての製品ラインにおいて才能を発揮するようになった。精力的でワンマンの父のそばで働くことがどれだけたいへんかよくわかっていたパオロは、最初はニューヨークに行くことに抵抗し、フィレンツェでデザインの仕事にかかわっていられることに幸せを感じた。一九五二年に地元の女性であるイヴォンヌ・モスケットと結婚し、同年にエリザベッタ、一九五四年にパトリツィアという二人の娘に恵まれた。

パオロは他の兄弟たちのように父親に尊敬の念を抱かず、ましてや親と駆け引きしてうまくやっていく才覚など持ち合わせず、父の独裁的な態度を苦々《にがにが》しく思っていた。少年のころローマの店で働いたときの経験は、屈辱以外の何ものでもなかった。優雅な物腰でVIPや有名人たちに接客するのがいやでたまらなかったのだ。男性が髭《ひげ》をはやすことに我慢がならなかった祖父のルールを無視して口髭をはやした。

パオロは自由にデザインさせてもらって、新製品の開発にたずさわっているかぎりご機嫌だった。グッチ初の既製服を作ったのも彼だ。仕事を離れると、彼はフィレンツェの自宅近くに建てた鳥小屋で飼っている二〇〇羽の伝書鳩の世話に忙しく、のちに鳩とはやぶさのモチーフを、自分がデザインしたスカーフに採り入れた。この息子を家族の方針にしたがわせるのは容易でないと、アルドは早くから気づいていた。

「アルドはいつも、パオロが馬好きなのに引っかけて、あの子は純血種だが残念ながらぜったいに人は乗せない馬だ、といっていました」と長年グッチで働いたフランチェスコ・ジッタルディはいう。

アルドの闘志とエネルギーとアイデアはとどまるところを知らず湧《わ》き出てくるようだった。ニューヨーク滞在中は、新しい店のオープンや取材がないかぎり、朝六時半から七時の間に起床し、五四番通りのアパートでブルーナとともに朝食をとった。ブルーナは彼の食事を用意し、洗濯をして、やさしく彼を気遣った。朝食後にアルドは、（ニューヨークでもほかの都市にいても同様だが）まずグッチの店に出かけ、すべての従業員を名前で呼んで挨拶した。

「『何かお探しでいらっしゃいますか？』と聞いてはいけない」と彼は販売員を指導した。「必ず『おはようございます、マダム』、男性には『おはようございます、サー』といいなさい」

そして世界のほかの都市からかかってくる電話を自分のオフィスで受ける前に、商品とディスプレイをチェックした。グッチ製品を販売しているフランチャイズ店を訪れたとき、棚を指でぬぐって埃《ほこり》が厚くたまっているのを見つけ、その場で契約を解除した。

アルドの頭は新製品や新店舗の場所や新しい商品化計画を考えているときには、二倍の速度で回転した。昼間はオフィスを、夜には寝室をぐるぐる歩き回り、ノートにメモをする必要があるときだけ立ち止まった。

「あの人はたった一人で市場調査の会社を経営しているようなものだったね」とかつての従業員の一人はいう。

「世界中を駆け回るペースのまま、アルドは風のように店に飛び込んできました」と元従業員のシャンタル・スキビンスカはいう。「ローマ店の階段を一、二段とばしで駆け上がるので、スタッフはあわてふためきながらついて回るのに必死だったわ」

自分自身が仕事に没頭する姿勢を見せることで従業員に忠誠心と信頼を吹き込み、憧れと誇りが感じられるもののために働いているのだと信じこませた。スタッフを家族の一員のように扱い、絶対的献身と忠誠を得た。イタリアの家族経営会社によくある典型的な経営スタイルである。

「自分のために働く人たちを発奮《はっぷん》させました。一人ひとりに目をかけて、がんばれば出世できると思わせていました」と以前の従業員はいう。「だからみな必死に働きました。でも一生死にもの狂いで働いても、グッチ家の一員になることはできないと気づいて幻滅し、辞めていく人たちもいました。当時、ストックオプションなど計画の端にものぼっていませんでしたから」

移り気で激しやすいアルドは、あるときはあたたかい父親のようなやさしさを見せると思えば、あるときは厳格で支配的な独裁者となった。

アルドはまた、父グッチオの吝嗇《りんしょく》も受け継いでいた。ニューヨークで昼食をとるときは、一人でもスタッフと一緒でも、セント・レジス・ホテル地下の従業員用カフェテリアによく行った。そこなら一ドル五〇セントであたたかい食事ができたからだ。またプライムバーガーとシュラフトといった大衆レストランの、クラブサンドイッチとあたたかいアップルパイが好物だった。もう一つ好物だったのが、五八番通りの店の向かいにあるルーベンスのローストビーフ・サンドイッチだ。21クラブやラ・カラヴェッレという高級店で食事をとるのは一大イベントだった。だが一銭でも切り詰めようとする倹約精神も、他人の目から見れば矛盾が多かった。

「記者を招いてのランチのオードブルはけちるくせに、彼らを招待するための国際電話には湯水のごとく金を使うんだ」と一九六八年にアルドがPR担当として雇ったイタリアのライター、ベントリー・レッソーナは思い出す。グッチが広報宣伝の重要性を認め、はじめてPR担当として採用した人物だ。

新店舗開店へのアルドの意欲は少しも衰えを見せなかった。ビヴァリーヒルズのロデオ・ドライブがショッピング街となるずっと以前に目をつけ、一九六八年、まだ静かだったこの通りに高級感あふれるグッチ店を開店し、スターを大勢呼んでレセプションを開いた。ノース・ロデオ・ドライブの側道から引っ込んだところにあるこのビヴァリーヒルズ店はハリウッド・スターたちのために作られた。店内には、通りに向かって開かれた緑あふれるギャラリーは、妻が買い物している間、退屈した夫たちが道行くカリフォルニア・ガールたちを眺めて時間つぶしできるよう考えて設置された。

ハリウッドの店をオープンする一年前、グッチはフィレンツェのトルナブオーニ通りに新店舗を開店した。当時としては最高にエレガントで贅沢感《ぜいたくかん》あふれる店で、入り口のドアには凝《こ》った装飾が施《ほどこ》され、店内はパステル色で統一され、パイル織りの毛足の長い絨毯《じゅうたん》が敷かれ、ウォルナット材を使ったショーケースが並べられ、ところどころにさりげなく鏡が置かれていた。店員は全員ユニフォームを着用した。男性は白シャツ、黒のジャケットにブラックタイ、黒地にグレイストライプのパンツをはき、女性は冬はバーガンディー、夏はベージュのスリーピースのスカートスーツだった。販売員の女性はシンプルなパンプスをはいた。だが当時商品と同じものを販売員が身につけるのはふさわしくないとされていたから、グッチのモカシンをはくことはなかった。

トルナブオーニ通りの店は当初一九六六年一二月に開店する予定だったが、一一月にアルノ川が氾濫《はんらん》して堤防が決壊し、街全体が一メートル五〇〜八〇センチほど浸水するという、後世まで語り継がれるほどの大洪水のために延期された。歴史的建造物や芸術作品が大きな損害を受け、店舗やオフィスも水浸《みずびた》しになった。一九六六年一一月四日の朝、警戒警報が発令されたとき、フィレンツェに残っていたグッチ一族のうち、グリマルダの夫ジョヴァンニと、ロベルト、パオロ、ヴァスコたちは集まってヴィーニャ・ヌオーヴァの店の地下から何万ドルにも相当する商品を三階まで運び上げた。

「トルナブオーニ通りの店に移転するまでにまだ数週間あったので、商品はヴィーニャ・ヌオーヴァにあったんです」とジョヴァンニはいう。

運び上げている間にも足元のカーペットは水浸しになり、最後の商品を運び上げたときにはすでに腰の高さにまで達していた。

「店はめちゃめちゃでしたが、九〇パーセントの商品は救えました」とパオロは思い出す。「店の内装をやり直す必要はありませんでした。トルナブオーニの店が数カ月以内にオープンすることになっていましたから。終わってみれば、被害は軽くてすんだんですよ」

幸いなことに、カルダイエ通りの工房は高いところに建っていたために被害は免《まぬか》れた。

水は引いたものの、注文は引きもきらず、カルダイエの職人たちは残業続きで生産を続けたが、とても追いつかない状態だった。グッチ家では生産を拡大する必要があると判断し、一九六七年にフィレンツェ郊外のスカンディッチに工場用地を取得した。グリマルダの夫のジョヴァンニが、拡大を続けるグッチ帝国の新しい工場建設の指揮をとった。一万四〇〇〇平米の近代的工場には、デザイン、生産から倉庫の機能までも備えられた。

一九六〇年代半ばまでに、グッチは高品質で趣味がよく使いやすい製品を生産販売する一流企業という名声を勝ちとった。しかしグッチがステータスシンボルのブランドとして世界的な名声を獲得したのは、傍系の商品のおかげである。それはクラシックなデザインのローヒールのローファーで、甲の部分にメタルのスナッフル・ビット（馬の小勒《しょうろく》）がついている。紳士用のモカシンも同じデザインで、「モデル175」と呼ばれた。

「グッチはそのころまだ有名ブランドではありませんでした」とPR担当だったベントリー・レッソーナはいう。「富裕階級には知られていましたが、中の上くらいの階級にはさほど浸透していませんでした。でもあのモカシンがグッチを一気に有名にしたのです」

一九五〇年代はじめ、靴の商売をしていた親戚がいた職人からの提案で作られたローファーは、一四ドル相当の価格でイタリアで生産発売された。グッチがニューヨーク店でこのローファーを売り出したとき、ちょうどスパイクヒールが大流行していたため、ローヒールのそんなデザインは一顧だにされなかった。だがやがておしゃれな女性たちが、シックなデザインではき心地がよく、手が届く価格帯のモカシンに目をとめた。

グッチの女性用モカシンのもともとのデザインは「モデル360」と社内で呼ばれており、やわらかでしなやかな革で作られ、甲の部分のスナッフル・ビットがポイントで、突起している二本の縫い目が爪先に向かって細く狭まり、先端近くで広がる形をしていた。一九六八年、最初のモデルがやや手直しされて「モデル350」と名づけられ、その名称はステータスシンボルのように扱われ、あちこちでコピーが出回った。オリジナルよりもおしゃれになったデザインは、革を何層も貼り合わせたスタックヒールと、ヒールに埋め込まれた細いゴールドチェーン、それとお揃いのチェーンが甲皮に横に渡してあるのがポイントだ。七種類の革（子牛、ワニ、オストリッチ、豚、トカゲ、子牛のバックスキン、エナメル）で作られ、ピンクがかったベージュや透明感のあるアーモンドグリーンなどめずらしい色も展開された。〈インターナショナル・ヘラルド・トリビューン〉紙は長文記事を組んでこの靴の発売を歓迎し、大きな写真を掲載した。「グッチの新しいモカシンを購入するためだけでも、ローマに行く価値がある」。ファッション担当記者のヘーブ・ドーシーは書いた。

一九六九年までにグッチはアメリカの一〇店舗で年間八万四〇〇〇足を売り上げ、ニューヨークだけで二万四〇〇〇足を売った。当時ニューヨーク市内で独立店舗をかまえているイタリアのデザイン・ブランドはグッチと、カラフルなグラフィック柄のプリントで人気のあったエミリオ・プッチしかなかった。ファッショナブルなニューヨーカーたちは、この二つのブランドを合わせて「グッチ・プッチ」と呼んだ。

三二ドルという価格は、ステータスシンボルのブランド品としてはお手頃価格だ。「ステータスシンボルとは、特権的クラブの会員証のように、さりげない装いの中にそっと忍ばせて身につけるものだ」と当時のコラムニスト、ユージニア・シェパードは書いた。はき心地がよく、ファッショナブルに見えて手が届く価格のローファーは、秘書や司書たちの間でたちまち人気となった。

ローファーを求めて若い女性たちで店がいっぱいになると、上流の顧客が来店を敬遠するようになった。するとアルドは、セント・レジス・ホテルと交渉して、一九六八年タバコ売場横のスペースに靴のブティックを設けた。おかげでニューヨークの働く女性たちはゆったりと靴を試着できるようになり、五番街の店には常連客が戻ってきた。

グッチはバッグや靴がステータスシンボルとして地位を固めたのを見て、つぎに既製服事業に乗り出した。一〇年間準備した上での挑戦である。パオロが最初にグッチの服をデザインしたのは一九六〇年代半ばで、大半が革か革でトリミングをつけた服だった。一九

グッチ家の人々。左からジョルジョ、マウリツィオ、ロベルト、アルド、アレッサンドロ、パオロ、エリザベッタ、パトリツィア、グッチオ、そして階段下に立つのがロドルフォ。（グッチの厚意により掲載）

六八年に最初のドレスをビヴァリーヒルズ店に飾った。長袖でAラインのシルク地に、三色の花柄をプリントしたドレスだ。もう一型には馬蹄形の銀のボタンがつけられた。翌年、グッチは花柄と昆虫のモチーフのスカーフ四枚で作った最初のスカーフ・ドレスを発表した。

一九六九年にはダイアモンド柄に替えて、GGのモノグラム柄の織り物を起用した。バッグからスーツケースまですべての製品に利用されるようになったこのモノグラムは、やがてアパレル製品のプリント柄としても使われるようになった。このころルイ・ヴィトンも同じようにLとVを組み合わせたモノグラムを展開していた。

同じ年の七月にはアイテムをそろえた最初のアパレル・コレクションをローマ・アルタ・モーダという展示会で発表した。新しいアパレル製品はいずれもスポーティーで実用的だった。アルドが女性たちにグッチを特別な機会だけでなく、日常生活でも着てもらいたいと考えたからだ。

「エレガンスは礼儀作法のようなものだ」と彼はつねづねいっていた。「曜日を決めてその日だけ礼儀正しくすることなんてできない。エレガントな人ならば、毎日エレガントでいるべきなんだ。エレガントじゃない人は別だがね」

一九七〇年代はじめ、グッチには五ドルのキーチェーンから数千ドルのほぼ一キロ近くもある十八金のチェーンベルトまであらゆる価格帯の商品がそろっていた。それから一〇年間、グッチ製品の種類は目が回りそうなほどの勢いで増えていった。

「どんな人にも合う価格帯の商品がそろっているために、手ぶらで店から出て行くことはむずかしかった」とロベルトはいう。「家でくつろぐときはもちろん、乗馬、スキー、テニス、ポロ、ダイビングを楽しむときにも、頭のてっぺんから足の先まで身につけるものは下着以外全部グッチでそろえることができた」

一九七〇年代までにグッチは二つの大陸でステイタスの象徴となった。直営店一〇店舗は世界中の主要都市に置かれ、ロベルトの監視下でブリュッセルにはフランチャイズ店が運営されていた。グッチがヨーロッパの伝統を踏まえた粋《いき》なスタイルでアメリカで高い人気を博したことを評価され、アルドは「最初の駐米イタリア大使」とジョン・F・ケネディから称《たた》えられた。

4　若きグッチたちの反乱

YOUTHFUL REBELLION

「よく目を開いて見るんだ、マウリッツィオ」。ロドルフォが大声で叱りつけた。「あの女の子のことを調べさせたよ。私はまったく気に入らないね。低俗で野心的で、金のことしか頭にない成り上がりじゃないか。マウリッツィオ、あの子はおまえにふさわしくない」

マウリッツィオは必死で冷静さを保とうとし、部屋から逃げ出したい気持ちをぐっと抑えて足の重心を移動した。人と正面切って衝突することが大の苦手で、とくに支配的な自分の父親とは喧嘩できない。「パパ、別れられないよ。愛しているんだ」。やっとそれだけいった。

「愛だと！」。ロドルフォは鼻で笑った。「愛がどうのこうのという話じゃないんだ。あの子がおまえの金目当てだということが問題なんだよ。そうはさせない。あの子のことは忘れなさい。ニューヨークに旅行してきてはどうだ？　あそこにはもっといい子がたくさんいるよ」

マウリツィオは怒りであふれてきた涙をぐっとこらえた。「ママが死んでから、パパはぼくのことなんてぜんぜん考えてくれたことがないじゃないか！」。彼はわめいた。「心配なのは仕事だけだろ。ぼくの悩みや気持ちなんかどうだっていいんだ！　ぼくはパパの命令にしたがうロボットじゃない！　もういやだ。パパが嫌いでもかまやしない。ぼくはパトリツィアとつきあう」

ロドルフォは驚愕して茫然《ぼうぜん》と息子を見つめた。引っ込み思案でおとなしいと思っていたマウリツィオが、生まれてはじめて自分に言い返したのだ。息子がこれまで見せたことがなかったほどの強い意志を示し、くるりと踵《きびす》を返して部屋から走り出て階段を駆け上がるのを見送った。

マウリツィオはスーツケースに身の回りのものを詰めた。家を出ていく。父を説得するなんて無駄だ。パトリツィアをあきらめることはできない。父とは縁を切るつもりだ。

「おまえには一銭もやらないからな！」。ロドルフォは脅した。「聞こえているか？　おまえもあの子も私から一銭たりとも受け取れないから覚悟しておけ」

パトリツィア・レッジャーニがそのすみれ色の瞳と小柄な身体でマウリツィオを魅了し

たのは、一九七〇年一一月二三日、二人がはじめて出会った夜のことだった。彼はひと目惚れだった。彼女にとっては、その出会いはミラノでもっとも有名な若い独身男性、しかもイタリアでもっとも魅力的なブランドの御曹司を征服する第一歩だった。

マウリツィオは友人ヴィットリア・オルランドの社交界デビューを祝うパーティーに出席するほとんど全員を知っていた。オルランド家の邸宅は、街路樹が植わり、裕福な事業家たちが多く住んでいる高級住宅街ジャルディーニ通りにある。パーティーの出席者は街の有力者の息子や娘たちばかりで、みなマウリツィオの知り合いだ。夏になるとミラノから車で三時間のところにあるサンタマルゲリータのリグリア海岸に毎年同じ顔ぶれが集まる。レストランやディスコも併設された人気のある海の家、バーニョ・デル・コーヴォでは、人気ポップ歌手のパティ・プラーヴォ、ミルヴァやジョヴァンニ・バッティスティなどがライブを催すのが恒例だった。

マウリツィオは酒もタバコもたしなまず、話術で人を楽しませる才能もまだ開花していなかった。ひょろひょろと背が高かった彼は、ティーンエイジャーのころに二、三回女の子とデートしたことはあっても、真剣につきあったことはまだ一度もなかった。ロドルフォはちゃんとした家庭の娘でないかぎりつきあってはならないと口を酸っぱくして息子に警告し、良家の娘以外と息子がつき合おうとしたら即刻禁止した。

マウリツィオはその夜退屈していた。パトリツィアが身体の線を強調する真っ赤なドレスで登場するまでは。ひと目見た瞬間、彼は彼女から目を離すことができなくなった。やぼったいタキシードを着ていたマウリツィオは、ある有名ビジネスマンの息子とグラスを片手にしゃべりながらも、パトリツィアが友人たちと笑ったりしゃべったりする姿から目を離せず、会話が上の空になっていた。黒いアイライナーでくっきりと縁取《ふちど》られ、マスカラがしっかり塗られて強烈な印象を与えるすみれ色の瞳を、ときおりちらりと盗むように彼のほうに向けたが、惚けたように突っ立って自分を見つめている黒髪の若者に彼女は気づかないふりを装っていた。彼のことはよく知っていた。同じ建物に住んでいるヴィットリアが、彼のすべてをパトリツィアに話していた。

マウリツィオはついに友人のほうに身体を寄せてそっと聞いた。「あそこにいる赤いドレスのエリザベス・テイラーに似た子は誰？」

友人はにやりと笑って教えた。「ああ、あの子はパトリツィアっていって、ミラノで輸送業を手広くやっているフェルナンド・レッジャーニの娘だよ」。ひと呼吸おいて意味ありげにつけ足した。「二一歳で、あの子ならいけると思うよ」

マウリツィオはレッジャーニという名前を聞いたことがなかったし、たいてい女の子のほうから寄ってきてくれたから、つきあってほしいと申し込むことに慣れていなかった。

だが今回は勇気をふりしぼって、部屋の向こう側で友だちとしゃべっているパトリツィアのほうに近づいていった。高く細いグラスに入ったパンチを手渡すことで、きっかけをつかもうとした。

「ねえ、会うのははじめてだよね？」。グラスを渡すときにそっと彼女の指にふれながら彼は聞いた。ボーイフレンドがいるかどうかを確かめる彼流の問いかけだった。

「あなたが私に気づかなかっただけじゃないの？」。媚《こ》びを含んだ口調でいうと、まつげをいったんふせてから目を上げ、すみれ色の瞳で彼の顔をまっすぐに見つめた。

「エリザベス・テイラーに似てるっていわれたことない？」。彼は聞いた。

お世辞に喜んで彼女はくすくす笑いながら彼をじっと見つめた。

「私のほうがずっといいと思ってるわ」。濃い赤で縁取りしてピンクの口紅をぽってりと塗った唇を、誘惑するようにとがらせて彼女は返した。

マウリツィオは頭のてっぺんから爪先まで興奮でぞくぞくした。撃ち抜かれたみたいに彼女に魅せられた彼は、言葉を失ってうっとりと見つめるばかりだ。何かいわなくてはと必死で言葉を探した彼は、ぎこちなく聞いた。「ああ、えーっと、その、お父さんは何をしているの？」。声が震えたことに気づいて頰が真っ赤に染まった。

「トラックの運転手よ」。彼女はまたくすくす笑いながら答え、マウリツィオの顔にとまどうような表情が浮かんだのを見てはじけるような笑い声を上げた。

「あの、その、えーっと、お父さんはビジネスマンじゃないの？」。口ごもりながら彼が聞いた。

「バカねえ」。パトリツィアの笑い声はいっそう高くなった。彼の関心を惹いたばかりか、どうやら夢中にさせたらしいとわかった。

当時の彼女の友人たちは、パトリツィアが財産だけでなく、家柄もいい男性と結婚したいことを少しも隠さなかったと断言する。「パトリツィアは私の友人のものすごく金持ちの実業家とつきあっていたのに、彼の家がさほど有名ではないとお母さんがいったからふっちゃったのよ」とある友人はいう。

マウリツィオとパトリツィアは、サンタマルゲリータでほかのカップルとダブルデートをするようになったが、つきあい始めてすぐに、パトリツィアは考えていたほど二人の関係はうまくいかないことに気づいた。原因は父と息子の関係だった。

マウリツィオの母親のアレッサンドラは彼が五歳のときに亡くなり、息子を溺愛《できあい》していても、厳格な父親に育てられた。ミラノに落ち着いた直後からアレッサンドラの健康は悪化しはじめ、マウリツィオを帝王切開で生んだとき、すでにかなり進行していた子宮癌《がん》が見つかったと近しい友人たちはいう。しだいに癌は転移し、美しかった容姿をむしばんでいった。入院してからは、ロドルフォは幼かったマウリツィオを連れて定期的に面会に出かけた。アレッサンドラは一九五四年八月一四日に亡くなった。公式には死因は肺炎とされている。まだ四四歳だった。死の床で、彼女は四二歳だったロドルフォに、ほかの女性をマウリツィオにママと呼ばせないでほしいと懇願した。妻を失ってひどく落ち込んだロドルフォは友人たちに、アレッサンドラと過ごした日々が人生最良のときだったと涙ながらにいった。もっと幸せになるはずだったのに、自分と息子を残して妻は逝《い》ってしまった。夫婦の関係は必ずしも平穏ではなかったが、彼は妻を神聖視した。

母の死はマウリツィオにとって大きなトラウマとなった。長い年月がたってからも、彼はどうしても「ママ」という言葉が口にできなかった。母について父にどうしても何か聞きたいときには、「あの人」といういい方をした。ロドルフォは地下のフィルム・スタジオで集められるかぎりの映像をつなぎあわせて、息子に母がどんな人物だったのかを見せようとした。古いサイレント映画やヴェネチアでの結婚式のフィルム、家族が集まってマウリツィオがフィレンツェ郊外の自然の中で母と遊ぶ姿。彼は「私の人生」と名づけたグッチ家についての長編映画を作ろうとし、何年もかかって編集した。

ロドルフォとマウリツィオの関係は濃密でほかのものが入る隙もなかったが、その関係は父親が息子を支配する形で成り立っていた。息子の誘拐を恐れたロドルフォは、運転手のフランコ・ソラーリに命じて息子が出かけるたびに、たとえ自転車で近くに行くときでさえも車であとをつけさせた。週末と休暇には親子二人で、ロドルフォがサンモリッツに少しずつ買い足していった地所に出かけた。何年にもわたって、グッチからの配当金をサンモリッツでもっとも高級別荘地とされているスヴレッタの丘の土地に堅実に投資し、二万二〇〇〇平米以上の景観の美しい地所を確保した。フィアット自動車グループの総帥、ジャンニ・アニェッリや指揮者のヘルベルト・フォン・カラヤン、アラブの大富豪、シャー・カリム・アガ・カーンも別荘を持っている地域を休暇のたびに訪れた。ロドルフォはここに数軒の別荘を建てたが、最初の山小屋風別荘は「マウリツィオの家」と命名し、休暇のたびに息子とそこでくつろいだ。

ロドルフォはマウリツィオに金銭感覚を覚えさせるために、お小遣いを厳しく制限した。車の運転免許が取得できる年齢になると、からし色のジューリアというアルファロメオ社の車を買い与えた。強力なエンジンを搭載している頑丈で高性能な車で、イタリアでは長らく警察車両にされていたためにそのイメージが強い。息子が欲しがったフェラーリではなかった。門限も厳しく、学校で行事があっても夜の一二時をすぎることは許さなかった。専制君主のような父親の横暴な姿勢に怯《おび》えていた上に神経質なところがあったマウリツィオは、いっさい逆らわなかった。彼が心から信頼して仲間だと認めていたのは、ロドルフォが一九六五年に出張に出かけるとき運転手として雇った一二歳年上のルイージ・ピロヴァーノだけだった。マウリツィオが一七歳のときのことだ。お小遣いが足りなくなると、ルイージはせがまれただけ渡した。駐車違反の罰金が科せられたときにはかわりに払ってくれた。女の子とデートに出かけるときには車を貸してくれた。すべてロドルフォの了解の上のことだった。

マウリツィオがミラノのカトリック大学法学部に進学すると、ロドルフォは息子があまりにも人を簡単に信じてだまされやすいことを心配した。ある日、父は息子に懇々といって聞かせた。

「忘れてはいけないよ、マウリツィオ。おまえはグッチ家の人間だ。ほかの人たちとはちがう。おまえを引っかけようとする女は大勢いるだろう。おまえの金を目当てにする女だ。用心することだ。おまえのような若い男を虜《とりこ》にしてのし上がっていこうとする女性がいると心しておくことだ」

夏になると、友だちがイタリアの海岸で遊んでいる間、マウリツィオは伯父のアルドが拡大をはかっているグッチ・アメリカの仕事を手伝うためにニューヨークに行かされた。マウリツィオはどんなことでもロドルフォに従い、心配をかけるようなことをしたことがなかった。ジャルディーニ通りで開かれたあのパーティーまでは。

最初、マウリツィオはパトリツィアのことを父に話すことができなかった。ふだんと変わらず、彼は毎日父と夕飯をともにし、父は自分が食べ終わるまで息子が席を立つのを許さなかった。息子のじりじりと落ち着かない様子に気づいたロドルフォはわざとゆっくりと食事をして、息子が苦悶《くもん》の表情を浮かべるほどにいらだつまで引き延ばした。ロドルフォが食べ終わった直後、マウリツィオは席を立って飛ぶようにレストランで待つパトリツィアのもとに駆けつけ、その日二回目のディナーをともにした。

マウリツィオは自分よりはるかに世間を知り経験豊富なパトリツィアに圧倒されていた。魅惑的な外見が美容室と鏡の前で何時間もかけて作り上げられた人工的な美だとしても、彼はまったく気にしなかった。マウリツィオは彼女のすべてに夢中で、二回目のデートで結婚を申し込んだ。

マウリツィオの変化にロドルフォが気づくのにさして時間はかからなかった。ある日彼は電話料金の請求書を手に息子を問いつめた。

「マウリツィオ!」

「はい、パパ」。隣の部屋にいたマウリツィオはそのただならぬ声音《こわね》に飛び上がった。

「この電話をかけたのはおまえか?」。書斎をのぞいた息子に父は聞いた。

マウリツィオは真っ赤になって答えられなかった。

「マウリツィオ、答えなさい。この電話料金はただごとではないぞ！」

「パパ」。いよいよ来るべきときが来たとマウリツィオはため息をついた。部屋に入りながら彼はいった。「恋人ができたんだ。愛してる。結婚したい」

パトリツィアの母、シルヴァーナ・バルビエリはミラノから南に二時間足らずのところにあるモデナという街で、父が経営するレストランを手伝っていた。ミラノで輸送ビジネスの会社を共同経営していたフェルナンド・レッジャーニは、モデナに来たときにはそのレストランで食事をした。モデナのあるエミーリア・ロマーニャ地方は美食で有名で、レッジャーニは家族経営のそのレストランの味と、サービスをする赤毛の美しい娘を眺めるのが楽しみで通っていた。五〇代半ばで既婚者であったにもかかわらず、レッジャーニは当時まだ一八歳だったシルヴァーナに惚れ込んでしまった。彼女は彼をクラーク・ゲーブルに似ていると思った。

「あの人は熱心に私を口説きました」とシルヴァーナはいう。二人の関係は数年にわたって続いた。一九四八年一二月二日に生まれたパトリツィアはたしかにレッジャーニの娘だったが、まだ既婚者だったために彼は娘を認知できなかった。だがパトリツィアは子どものころの話をすると、いつもレッジャーニのことを義理の父といっていた。シルヴァーナはマルティネッリという地元の男性と結婚して娘に彼の名字を名乗らせ、彼女のクラーク

・ゲーブルを追ってミラノに出てきた。
「私はこれまでずっとたった一人の男性の恋人であり、愛人であり、妻でした」とシルヴァーナは主張し、レッジャーニの会社近くにある小さなアパートに入居した。

レッジャーニは戦前に一台のトラックを四人で資金を出し合って購入し、輸送ビジネス会社ブロルトを創業してかなりの財産を築いた。ドイツ軍にトラックを差し押さえられたりもしたが、戦後事業は持ち直し、レッジャーニは共同経営者たちの持ち分を買い取って単独のオーナーになった。やがて、ミラノの実業界や宗教的なコミュニティでは尊敬を集める名士となり、慈善事業にも熱心だった。レッジャーニの妻は一九五六年二月に癌で亡くなり、その年の終わりにシルヴァーナとパトリツィアはレッジャーニの住むジャルディーニ通りの家に引っ越した。数年後、レッジャーニはこっそりシルヴァーナと結婚し、パトリツィアを養女にした。レッジャーニはすでにエンゾという親戚の男の子を養子にして一緒に暮らしていた。エンゾはシルヴァーナ母娘とは折り合いが悪かった。家庭内で争いが絶えないことに業を煮やしたレッジャーニは、シルヴァーナにせっつかれてついにエンゾを遠方の寄宿学校に入れてしまった。

パトリツィアは新しい父と家庭に心を弾ませ、フェルナンドの心をがっちりとつかんだ。父は臆面もなく彼女を甘やかした。娘は彼を「パピーノ」と呼んで慕った。一五歳になると父は娘に白のミンクのコートを買い与え、娘は上流階級の子女が集まる女子校、コッレッジョ・デッレ・ファンチューレのクラスメートに見せびらかした。一八歳の誕生日には、自宅前に真っ赤な大きなリボンがかけられたスポーツカーのランチャ・フルヴィア・ザガートが届けられた。

甘やかすだけの父に対して、母のシルヴァーナは娘の外見を整えることに力を入れた。すべては上流階級に仲間入りさせるための準備だ。モデナからミラノへ連れていくまでは自分の役割だ。つぎのステップに上がる、つまり名家の居間に座れるかどうかはパトリツィア次第である。パトリツィアはシルヴァーナの野望を代わりに体現していた。高級車、毛皮などのステータスシンボルは口さがないクラスメートたちにゴシップを提供しただけで、母親の出身家庭やパトリツィアの突飛な格好は陰で笑われた。パトリツィアは夜になると母と涙にくれた。

「私が持っていない何をあの人たちが持っているっていうの？」。パトリツィアは嘆いた。シルヴァーナは小さなアパートを出てまったく別の人生を歩きだしたのだということを娘に思い出させ、彼女を叱咤激励した。

「泣いているだけじゃ何もつかめないわよ」と母はいった。「人生は戦いよ。戦わなくてはだめ。重要なのは中身なの。がたがたいわれても気にするんじゃない。あなたのことをわかっていない人にはいわせておけばいいのよ」

パトリツィアは高校を卒業すると、通訳養成学校に入学した。頭がよくて勉学には苦労しなかったが、興味があるのは遊ぶほうだった。朝八時にくねくねと腰を振りながら教室に入ってくると、派手な毛皮のコートを脱いで、ラインストーンがぎらぎらとついている肌もあらわなカクテルドレスで夜を徹して遊んだことをこれ見よがしに見せつけた。

マウリツィオにパトリツィアとの恋愛を打ち明けられて、ロドルフォは仰天《ぎょうてん》した。「おまえの年で結婚だと?」。ロドルフォは雷を落とした。「おまえはまだ若い。学生の身分で、われわれの会社で研修を受けてもいないんだぞ」。父の反対をマウリツィオは黙って聞いていた。いつかグッチのトップになってもらいたいと父は息子を教育してきた。アルドの息子たちには誰一人グッチの仕事を継ぐのにふさわしい人材がいない、と兄自身も気づいていることをロドルフォは見抜いていた。

「それでおまえがつきあっている幸運なガールフレンドはいったい誰なんだ?」。ロドルフォは不安な面持《おもも》ちでたずねた。マウリツィオが告げた名前にロドルフォは心あたりがなく、これが一過性の恋で、その子に興味を失ってくれることを祈るばかりだった。

たぶんロドルフォのおめがねにかなうようなマウリツィオの相手はいなかっただろう。

マウリツィオがパトリツィアとつきあって六週間が過ぎたころ、一気に緊張が高まる出来事が起こった。サンタマルゲリータ海岸に父が所有している二階建ての小さな別荘に、パトリツィアはマウリツィオを招待した。花々でいっぱいのテラスから海が見える家はヴェネチア風のインテリアで飾りつけられ、パトリツィアと友人たちのたまり場になっていた。

その週末も大勢の友人たちが集まってきたが、ただ一人、パトリツィアが一番来てほしい人はあらわれなかった。何かあったのではと心配して電話をかけたパトリツィアは、彼自身が電話に出たのにびっくりした。

「父に行きたいといったんだけれど、行かせてもらえなかったんだ」。マウリツィオは恥じている声でいった。

パトリツィアは彼のあまりの臆病さに驚くと同時に怒った。

「あなたはもういい大人なのよ。なんでもかんでもお父さんにおうかがいをたてなくちゃいけないの？　私たちって恋愛中のはずよ。ここで一緒に泳ぐのが犯罪だっていいたいわけ？　一日でもいいからきてちょうだい」

日曜日にようやくマウリツィオはやってきたが、その日のうちに帰ると父に約束していた。だが夕食の席で、パトリツィアは泊まっていくよう彼を説得した。息子が帰ってこないと知ったロドルフォは電話をかけた。シルヴァーナが電話に出ると、ロドルフォは怒り狂っていた。パトリツィアの父親を電話口に出してくれといい、フェルナンド・レッジャーニが出ると怒鳴った。「私の息子があんたの娘とつきあうのは不愉快だ。娘さんはマウリツィオの勉学の妨げになっている」

レッジャーニはなんとかなだめようとしたが、ロドルフォは聞く耳を持たなかった。

「いい加減にしろ！　あんたの娘にいってくれ。今後マウリツィオと会うことは許さない。あんたの娘は金目当てにつきあっている。わかってんだぞ。だが一銭たりとも渡さんからな。わかったか！」

フェルナンド・レッジャーニは侮辱されておめおめ引き下がっているタイプではなく、ロドルフォのその言葉にひどく感情を害された。

「ずいぶん失礼なことをいってくれるじゃないですか。自分だけが金を持っているようないい方はやめてもらいたい」。フェルナンドはいい返した。「娘のつきあいに口をはさむ気はないね。私は娘自身も彼女の感情も信頼しているし、マウリツィオ・グッチとつきあいたいなら好きにしたらいいと思っているよ」。そう怒鳴って受話器を叩きつけた。

マウリツィオは屈辱をおぼえながら電話を盗み聞きしていた。彼はパトリツィアとその晩ディスコに踊りにいったが、まったく楽しめなかった。翌朝夜明け前に彼はミラノに戻った。マウリツィオは恐る恐る父の書斎の頑丈なドアを開けた。ロドルフォはアンティークのどっしりとした木製デスクに向かって座り、息子をにらみつけながらパトリツィアについての警告を与え、ついに息子が家を飛び出すきっかけを作ってしまった。一時間足らずでマウリツィオはグッチの緑と赤のトレードマークが入っている大きなスーツケースに身の回りのものを詰め、ジャルディーニ通り三番地の前に立った。パトリツィアの家のベルを鳴らした。出迎えた彼女は大きなスーツケースと彼の悲しげな青い目を見て驚いた。「父はぼくに何も渡さないというんだ。ぼくたちのことを反対している。ひどいことをいわれた」

パトリツィアはそういう彼を黙って抱きしめて後頭部をそっとさすった。それから身体を離すと、首に両手を回したままにっこり微笑んだ。

「私たちってロミオとジュリエットみたいね」。恋人の身体の震えを静めようと、手をしっかりと握った。

「これからどうしたらいいんだろう、パトリツィア?」。彼は聞いた。「ぼくは一文なしなんだ」。半分すすり泣いている声で彼はいった。

パトリツィアはやっと深刻な顔になった。「来て」。彼の手を引いて居間に連れていった。「もうすぐ父が帰ってくるわ。父はあなたのことを気に入っている。相談しましょう」

フェルナンドは娘とグッチ家の若者を書斎に迎え入れた。父親にはまだ腹が立っているが、マウリツィオのことは気に入っていた。

「レッジャーニさん、父と意見が食い違ったので家も家業も捨てざるをえません。ぼくはまだ学生ですし、仕事にもついていません。ぼくはお嬢さんのことが好きで、いつか結婚したいと思っていますが、いまのままでは何一つしてあげられることができないんです」。彼は低い声で話した。

フェルナンドはじっくりと話を聞いて、父親と決裂した件についていくつか質問をした。父親の元には帰れないという言葉とパトリツィアへの気持ちに偽《いつわ》りがないと彼は信じ、マウリツィオに同情した。

「それなら私が仕事を世話しよう。この家で暮らしたらいい」。最後にフェルナンドは注意深く言葉を選びながらいった。「ただし学業を終えることと、同じ屋根の下で暮らしても娘とは距離を置くことが条件だ。私の家でまちがいが起こることは許さない。もしそれが守れないようならばこの話はなかったことにする」。フェルナンドは厳しい目で若者を見つめながらいった。マウリツィオは黙って頷いた。

「結婚に関しては態度は保留させてもらう。第一にきみのお父さんから受けた仕打ちにまだ腹が立っているし、第二にきみと娘の二人とも気持ちが変わらないことを確かめたいからだ。パトリツィアを連れて今夏は長い旅行に出かける。帰ってきたときに二人ともまだ愛し合っているようなら、あらためて考えようじゃないか」

成人してからの人生を決定づけたこの家出によって、マウリツィオはそれまであれこれ自分の行動を批判し制限してきた父親の影を脱して、パトリツィアとその家族というあらたな保護と力を得ることができた。レッジャーニ家にとっても、マウリツィオはなんとかしてあげたくなる素直な若者だったから、家族の一員として歓迎し、怒り狂うロドルフォから守ってやらねばならない気持ちになった。書斎のソファがマウリツィオのベッドになり、日中はレッジャーニのもとで働き、夜には勉学に励んだ。

恋人二人が同じ家で暮らしているというニュースは、またたくうちにミラノの上流階級の間に広がった。パトリツィアの友だちは、恋人と同じ家にいるのはどんな感じかと興味津々で聞きたがった。パトリツィアは慎重に言葉を選びつつも得意気に話した。

「廊下ですれちがうのも許さないってパパがいうのよ」。彼女は口をとがらせながらも、聞きたくてうずうずしている友だちの表情に内心わくわくしながら答えた。「ぜんぜん会えないの。マウリツィオは昼間はパパの仕事を手伝って忙しいし、夜は試験勉強しているから」。そういってふくれっつらをした。

息子がトラック輸送ビジネスのイロハを学んでいる間、ロドルフォはたった一人の女性のせいで、これまで息子にかけていた期待のすべてが裏切られたことが受け入れられず沈み込んでいた。マウリツィオと夕食をともにすることができなくなったロドルフォは、毎晩遅くまでオフィスに残るようになり、料理人にフルーツとチーズくらいで充分だといった。アルドとヴァスコが父子の仲たがいを心配して会いに来ると、彼はわめいた。

「あのバカ息子のことは死んだものと思うことにしている。もう何もいうな！」

「彼の父親はパトリツィア・レッジャーニ自身を認めなかったのではなく、愛する息子を奪った女性が許せなかったのです」とパトリツィアはのちにいった。「マウリツィオが生まれてはじめて父親である自分の命令に背《そむ》いたことが、怒りの原因でした」

レッジャーニはパトリツィアを連れて世界一周の旅に出かけた。一九七一年九月に帰ってくると、パトリツィアとマウリツィオはよりいっそう深い愛を確認した。フェルナンドの会社のマネージャーたちは、マウリツィオがなかなか頭もよくまじめに働くことを証明した、と報告した。彼はどんな仕事でもいやがることなく取り組み、埠頭《ふとう》で積み荷を荷下ろしする肉体労働でさえもいとわなかった。会社が抱えている問題にも気を配り、トラック運転手のスケジュール調整を担当した。旅行から帰宅して数日後、レッジャーニは娘を書斎に呼んだ。

「いいだろう」。彼は娘にいった。「おまえたち二人の気持ちが真剣だとわかったから、マウリツィオとの結婚を認める。ロドルフォもあんなに頑固だと息子を失ってしまうな。私には一人、息子ができることになるがね」

結婚式の日取りは一九七二年一〇月二八日と決められ、シルヴァーナの完璧に練られた計画のもとに準備が一気に進められた。

ロドルフォはがっくりと落ち込んで、息子を失ったことを嘆き悲しんだ。一方マウリツィオは、生まれ変わった気がしていた。ミラノ・カトリック大学で法律の学士号を取得した。レッジャーニ家で暮らしたおかげで、世界が父を中心に回っているわけではないことを知った。外見も大人っぽくなり、しっかりと自信を持って将来を考えるようになった。将来の選択肢として、家業を継がないことも視野に入れられるようになった。パトリツィアの父親の会社で仕事をして有能であることを証明したし、仕事を楽しんでいた。彼はますます未来の岳父を好きになっていた。レッジャーニ家も気に入った。マウリツィオはフェルナンドのことを「髭のパパ」と呼ぶようにさえなっていた——髭などなかったのだが。

「マウリツィオはトラックの荷下ろしまで楽しんでやっている、とみんなの前でいってました」。友人たちはその変わりように驚いていた。「イタリアで学生運動が盛んだった時期です。ほかの都市と同じくミラノでもデモやセクト間の闘争が起こり、通りで催涙《さいるい》ガスがまかれたりしていました。マウリツィオはそんな学生運動にはいっさいかかわりませんでした。パトリツィアが彼にとっての反体制運動だったんです。彼は自立の道をそこに見出しました」。友人はいった。だがマウリツィオの心が結婚を前にまったく平穏だったわけではない。結婚式の数日前、ミラノ大聖堂で彼は神父に赦しを願った。「私は罪を犯しました。父の意に逆らって結婚します」

マウリツィオとパトリツィアの結婚式は社交界でその年最大の華やかな話題だったが、花婿側の親戚は誰一人出席しなかった。ロドルフォが結婚に反対しているのがわかっていたからレッジャーニ家は招待しなかったのだ。その日の早朝、ロドルフォは口実をもうけて運転手のルイージにフィレンツェに連れていくことを命じた。「街中がこの結婚式のお祝いムードに包まれているような雰囲気でしたからね」とルイージはのちに思い出す。「ロドルフォにとってみれば、街を逃げ出すしかなかったんです」

パトリツィアの親戚や友人たちは教会にあふれるほどつめかけたが、マウリツィオの招待客は教授が一人と学校の友人が数人だけだった。

パトリツィアはロドルフォがいつか折れることを確信していた。「心配することないわ、マウ」となぐさめた。「物事はなるようになるものだから。孫が一人か二人生まれるころには、きっとうまくいくようになる。お父様はきっとあなたと仲直りするわ」

たしかにパトリツィアのいうとおりになったが、彼女は物事をなるがままにしておくタイプではなかった。彼女はまず、家族経営会社のまとめ役で一族に強力な求心力を持つアルドに働きかけた。彼は昔からマウリツィオに注目しており、父親に逆らった甥《おい》の決断力に感銘を受けていた。自分の息子たちは誰一人アメリカで自分とともに働きたいという意志を示さないし、父の仕事を継ごうとする野心もないようだ。三男のロベルトはフィレンツェに腰を落ち着け、妻と大勢の子どもたちと一緒に暮らしている。長男のジョルジョは自分で事業を興し、ローマで二軒のブティックを営業している。そして次男のパオロはヴァスコとともにフィレンツェの工房で働いている。

一九七一年四月、アルドは〈ニューヨーク・タイムズ〉紙に、事業発展のために息子たち以外の後継者を探しているとほのめかした。もしかするともうすぐ大学を卒業する若い甥に帝王学を授けることになるかもしれない。「つまらない女の子と出会って家庭に落ち着いてしまわないうちのほうがいいね」と彼はつけ加えた。「私の後継者のポストに挑戦するチャンスを与えたいと思っている」。その言葉はマウリツィオの将来を示していた。

アルドはロドルフォのもとに話をしに出かけた。

「ロドルフォ、おまえはもう六〇歳を越えている。マウリツィオはおまえのただ一人の息子だ。あの子こそが宝じゃないか。パトリツィアはそんなに悪い娘じゃないし、マウリツィオが真剣に惚れ込んでいるのはまちがいないよ」。そういって弟をじっと観察したが、頑固に自分の殻の中に閉じ込もって聞く耳を持たないようだった。アルドは父子の和平交渉には多少の荒療治が必要だとわかった。

「フォッフォ、いつまでバカをいってるんだ」。アルドは鋭くいさめた。「マウリツィオを取り戻さないと、おまえの老後はさびしく苦いものになるにちがいないぞ」

マウリツィオが家を出てからすでに二年が過ぎていた。その夜、レッジャーニが買い与えた、ミラノの中心部、ドゥリーニ通りにあるアパートの最上階の部屋にマウリツィオが戻ってくると、パトリツィアが謎めいた微笑で夫を出迎えた。

「いい知らせがあるの」と彼女はいった。「お父様が明日あなたに会いたいとおっしゃっているわ」。マウリツィオの顔がうれしい驚きで輝いた。

「アルド伯父さまに感謝して。それと……私にもね」。そういって彼の首に腕を回した。

翌日マウリツィオは、いったいどんな風に父と顔を合わせたらいいのかと不安を抱きながらも、グッチの店の向かいにある父のオフィスに向かった。心配することはなかった。父はまるで何事もなかったかのようにドアのところであたたかく息子を迎えた。まさにグッチ家のスタイルだ。

「やあ、マウリツィオ」。ロドルフォは微笑を浮かべて挨拶した。「元気か?」ロドルフォはパトリ
二人とも結婚をめぐるいざこざについてはひと言もふれなかった。ロドルフォはパトリ

ツィアは元気かと聞いた。

「おまえとパトリツィアは二人でニューヨークに行って暮らしたらどうかい？」。父の提案にマウリツィオの目はぱっと輝いた。「アルド伯父さんがあっちで手を貸してほしいといっているんだよ」

マウリツィオは天にも昇る心地だった。一カ月足らずのうちに若い夫婦はニューヨークに引越した。マンハッタンに到着したときには大興奮だったパトリツィアだったが、ロドルフォが当座の住まいにと用意した三流ホテルにはがっかりした。

「あなたは仮にもグッチ家の人なのよ。こんなぼろホテルに泊まっていていいわけないわ」。マウリツィオに不平をいった。翌日、二人は五番街と五五番通りの角にあるセント・レジス・ホテルのスイートルームに移ったが、それから一年後、アリストテレス・オナシスが建てさせた、青銅色に染められたガラス窓がはまっているオリンピック・タワー内の豪華マンションの部屋をパトリツィアが見つけた。入り口に優雅な物腰のポーターが立っていることをはじめ、床から天井までのはめごろしの大きな窓から五番街を望めることまで、彼女はこのマンションがいたく気に入った。

「マウ、すてき。ここに住みたいわ」。不動産斡旋業者の目の前で妻に抱きつかれたマウリツィオは赤面した。

「よく考えろよ」。マウリツィオはいさめた。「マンハッタンのペントハウスを買うなんて、どうやってあの父にいえばいいんだよ」

「あなたに説得する勇気がないなら、私がお話しするわ」。彼女はいい返した。

パトリツィアから話を聞いたロドルフォは、案の定頭から湯気が出そうな勢いで怒った。

「私を破滅させる気か！」。嫁に怒鳴った。

「よくお考えになったら、投資物件としてすばらしいとお気づきになると思いますわ」。涼しい声でパトリツィアは切り返した。

父親のロドルフォ・グッチの猛反対を受けながらも、1972年にパトリツィアと結婚したマウリツィオは、しばらくは幸せな結婚生活を送った。（ピッツィ／ジャコミーノ・フォト）

ロドルフォは頭を振ってため息をついたが、とりあえず考えてみると約束した。二カ月後、二階分一七二平米のアパートをパトリツィアは手に入れた。壁一面に褐色がかったグレイの人工スエードを貼り、くもりガラスを多用したモダンな家具を入れ、長椅子と床には豹の毛皮を敷いた。パトリツィアは運転手つきの車に「マウリツィア」とヴァニティプレートをつけさせ、ニューヨークのあちこちに出かけて生活を楽しんだ。彼女は一度テレビのインタビュー番組で「自転車に乗って幸せな気分になるより、ロールスロイスの中で涙を流すほうがいい」と語ったこともある。それからも若い夫婦には豪華なプレゼントが贈られた。オリンピック・タワー内にもう一部屋、アカプルコの丘陵に土地一区画（ここにパトリツィアは別荘を建てたがった）、コネティカットにはチェリー・ブロッサム農場、ミラノにはメゾネット式のペントハウス。

イタリアでは結婚した子どもたちに親が住居を買ってやるのが一般的だったから、ロドルフォの気前のよさはイタリアの習慣に基づいたものといえる。子どもは成人しても結婚までは親と一緒に暮らす。結婚後買い与えられる家は、その家庭の収入に応じて共同アパートから一軒家までいろいろだ。裕福な親ならば、住居とともに別荘や、ときには海外の物件をプレゼントすることもある。

マウリツィオはパトリツィアとの結婚をめぐってロドルフォと決裂していたから、若い夫婦は当初レッジャーニがミラノに買い与えたアパートに住んでいた。パトリツィアはそれが不満で、自分たちはもっといいところに住んで当然だと思っていた。ロドルフォとマウリツィオが仲直りしたあと、オリンピック・タワーの豪華マンションやほかの不動産物件をロドルフォがプレゼントしたのは、息子夫婦との仲を修復したい舅《しゅうと》の気持ちのあらわれで、マウリツィオのために尽くしている自分への感謝の気持ちからだとパトリツィアは思っていた。

「ロドルフォは私にどんどんやさしくしてくれるようになりました」とパトリツィアはいう。「プレゼントの一つひとつは私が自分の息子を幸せにしていることへの感謝を彼流にあらわしていたのよ。とくにアルド伯父さんと息子の間を取り持った私の手腕を舅は認めてくれていたわ」

だが、ニューヨークのマンションもアカプルコの土地もコネティカットの農場もミラノのペントハウスも、すべてパトリツィアの名義にはならなかった。リヒテンシュタインに税金対策のために設立されたオフショア持株会社であるケイトフィッドAGが、不動産物件の名義を所有していた。持株会社に家族の資産を移しておくことは、所有財産の散逸を防ぐための効果的な方法だ。たとえ仮に嫁が一族と袂《たもと》を分かつことになり、不動産物件が実際には自分に「譲渡」されたものだと訴えても、法律的に認められることは非常にむずかしくなる。

パトリツィアはマウリツィオと熱烈に愛し合っており、ロドルフォの気前のよさに舞い上がっていたために、自分名義ではないことにたいして注意を払わなかった。よき母親と妻になることに彼女は一生懸命だった。一九七六年に生まれた長女のアレッサンドラはマウリツィオの母親の名前をもらって名づけられ、ロドルフォはそのことに大喜びした。一九八一年には次女のアレグラが生まれた。

「私たち夫婦は同じ莢《さや》の中に入っている豆みたいに一心同体でした」とパトリツィアはいう。「お互いに対して誠実でしたし、一緒にいると落ち着きました。家のことやおつきあいや娘たちのことについて、彼は私にすべてを任せてくれていました。あふれるほど愛情を注いでくれ、いつも熱いまなざしで見つめ、贈り物をしてくれました。彼はいつだって私のいうことに耳を傾けてくれたんです」

アレグラが生まれた記念に、マウリツィオはこれまでで最高に大胆な買い物をした。全長六四メートル、三本マストのヨットで、以前にギリシャの大富豪、ストラヴロス・ニアルコスが所有していたこともある「クレオール」艇である。ヨット乗りの間では世界でもっとも美しい船だと評判だったが、マウリツィオとパトリツィアがはじめて見たときにはかなり老朽化して傷んでいた。オランダが麻薬更生プログラムのために利用していたこの船を、マウリツィオにいわせると一〇〇万ドル以下という破格に安い価格で買い取った。オランダの造船所にあった船をイタリアのリグリアの港、ラ・スペツィアまで曳航《えいこう》して修理させ、もとの美しい姿に復元することを計画した。元の持ち主の一番目の妻も二番目の妻も船上で自死したというわくつきだったため、二人は霊媒師に頼んでお祓いをしてもらった。だがクレオール艇にかかった呪いは消えておらず、のちにマウリツィオを大いに苦しめることになる。

だがこのとき、若い夫婦の前途は輝いているように見えた。崩壊の兆《きざ》しは、少なくとも夫婦の目には少しも見えなかった。

5 激化する家族のライバル争い FAMILY RIVALRIES

マウリツィオがミラノで法律を学んでいた時期、グッチ帝国はめざましい発展を遂げていた。一九七〇年、アルドは五番街と五四番通りの北西の角に華々しく新店舗を開店した。五番街六八九番地に立つ一六階建てのフレンチルネサンス様式とエオリア様式を合わせたビルには、元はIミラーという靴店が入っていた。アルドは、ニューヨークのファッショナブルなショッピング街で最高級の店の改装を手がけたワイスバーグ&カストロ建築設計事務所に店の改装を依頼した。建築家はガラスをはじめ、トラバーチン大理石やブロンズに似せる加工を施《ほどこ》したステンレスを多用して、現代的な外装に仕上げた。

財務面で事業拡大に向けての資金調達の方法を検討するにあたって、アルドは一九七一年に役員会を招集し、父が確立した昔からの経営方針を再確認し、あらためて会社の所有権は家族以外が握ることがないと申し合わせた。

「会社の時価評価額は三〇〇〇万ドルだが、一部株を発行して売り出すべきだと考えている」とアルドは黙って聞いている弟たちの前でいった。「四〇パーセントを売り出し、残り六〇パーセントをアメリカのグッチ社が所有する。一株一〇ドルからスタートすれば、一年以内に二〇ドルの株価がつくだろう」と彼は興奮した口調でいった。

「絶好のタイミングだ」とアルドは続けた。「グッチはステータスシンボルになっているし、ハリウッドのスターばかりでなく、ビジネスマンや銀行家たちの間でも人気が高い。チャンスを逃すべきではない。競争に勝つために歩みを止めるわけにはいかない。株を売って得た資金をもとに、ヨーロッパとアメリカ市場の両方でトップの座を揺るぎないものにし、日本と極東地域への進出もはかろうじゃないか」

トルナブオーニ通りのオフィス内の会議室に座ったロドルフォとヴァスコは、巨大なウォルナット材のテーブル越しに視線を交わした。アルドが力説したにもかかわらず、二人ともいまひとつ成功に確信が持てなかった。根が保守的な二人は、兄の野心的な計画の利点がよくわからなかった。グッチのビジネスは心地よい生活を保証してくれたが、それを失うかもしれないリスクに賭ける気持ちはない。出席者の残り二人はアルドの提案を却下したばかりでなく、少なくとも百年間は家族の持株を外部に売ることに同意しないと決めた。だが拒否されてもアルドは不機嫌にすねたりはしなかった。息子たちにいつもいっていたように、とにかく押して押して押しまくるのが彼のスタイルだ。

「つぎのページをめくれ」。息子たちを彼はどやした。「前に進むんだ。後ろを振り返るな。泣かなきゃならないときには涙を流してもいいが、攻めることは忘れるな！」

アルドにとって「攻める」とは前向きに行動することを意味し、自分でも言葉どおり実行した。一九七一年にシカゴに新しい店をオープンすると、フィラデルフィアとサンフランシスコにつぎつぎ新店舗を出し、ニューヨークでは五番街六九九番地にある靴店の隣に三軒目にあたる店を開いた。新しい店では衣料品を売り、一方、五番街六八九番地にある店では鞄とアクセサリー類を販売した。サンフランシスコとラスベガスのジョゼフ・マグニンに専門店としてグッチ・ブティックをオープンしたのを手始めに、アメリカでのフランチャイズ展開にも踏み切った。アルドは社内外を問わずグッチには偉大な力があると自慢した。家族経営を貫くことがその力の秘密だ。

「グッチはイタリアの伝統的な家族経営の食堂なんだよ」と彼はかつていったことがある。「家族全員がキッチンで働いているようなものさ」

つぎなる新市場を切り拓く準備は整った。極東地域、とくに日本市場をターゲットにする。近年日本人がイタリアやアメリカのグッチの店に大挙して訪れている。ビジネスに敏《さと》いアルドでさえも、当初は日本市場の重要性をあなどっていた。

「ローマの店にあるとき日本人の紳士がやっていらして、接客したことがあります」とエンリカ・ピッリは思い出す。「お客様が見ていないところでアルドが私を手招きして、『こっちへ来い。あの客ばかりにかまっているんじゃないよ』というんです」

ピッリは渋面を作って上司に首を振った。日本人紳士はあざやかなキャンディー・カラーのオストリッチのバッグを眺めていた。

「ひどい商品でしたけど、六〇年代には流行したスタイルのバッグでしたね。その男性はずっとそのバッグを眺めて、咳払《せきばら》いを繰り返していました。接客に戻ります、とアルドさんにいって男性のところに行くと、なんとその人は六〇個も買ったんですよ！　一回に売れた量としては最大でした」。ピッリはいった。

アルドはすぐに日本人への見方を変えた。「日本人は非常に優れた感性をお持ちです」。一九七四年の〈ニューヨーク・タイムズ〉紙のインタビューでいった。「スタッフに日本人のお客さまは貴族だといっています」。一九七五年にアルドはある新聞記者にいった。「外見はたしかにいまひとつさえないかもしれませんが、あの方たちは貴族なんですよ」。また日本人には一人一個までのバッグしか売らないように販売スタッフに指示した。日本人バイヤーがグッチ店で大量に買い付けて、日本で何倍もの価格で販売していることがわかったからだ。日本人に直接グッチを売る方法を編み出す必要性に気づいた。

アルドは、日本で複数の店舗を展開する共同事業を起こさないか、という日本人起業家の茂登山長市郎《もとやまちょういちろう》からの提案を受け入れることにした。両者の共同事業は長年にわたって大きな成功をおさめ、グッチは極東市場全域にわたって成功する足がかりを得ることができた。茂登山は一九七二年にフランチャイズ契約のもと、東京に第一号店をオープンした。グッチ香港の第一号店は、一九七四年に茂登山とのパートナーシップのもとで開店した。グッチ帝国はいまや世界中に広がり、直営店一四店舗、フランチャイズ店が四六店舗を数えるまでになった。

たった二〇年間で、アルドはサヴォイ・ホテル・プラザに小さな店を出している年商六〇〇〇ドルの小企業から、アメリカ、ヨーロッパ、アジアにまで販売網を持つ輝かしい帝国を築き上げた。グッチが最大の存在感を誇った街はニューヨークで、五四番通りから五五番通りにかけて五番街に面して三店舗をかまえ、〈ニューヨーク・タイムズ〉は一帯を「グッチ街」と呼んだ。飛ぶ鳥落とす勢いのグッチを先頭に立って率いるアルドは、従業員に自分のことを「ドクター・グッチ」グッチ先生と呼ばせ、メディアでもそう名乗った。

アメリカでのビジネスは順風満帆のように見えたが、イタリア式を強引に持ち込むアルドのやり方はリスクをはらんでいた。商品の交換や値引きをいっさい認めず、返品はレシート持参で一〇日以内に店まで持ってこなくてはならない。何よりもアメリカの顧客をいらだたせたのは、毎日午後一時から四時まで店を閉じることだった。従業員は昼休みに全員そろってランチをとり、店の外には開店をいらいらしながら待つ客の長い列ができた。〈ニューヨーク・マガジン〉が「ニューヨーク一無礼な店」という特集を組んだほどだが、それでもアルドはやり方を変えず、グッチの勢いも止まらなかった。つぎつぎと出店する一方で、アルドは新製品の開発にも余念がなかった。家族で構成された役員会議にはかり、弟たちにぜひともグッチの香水の販売を考えるように促した。だが例のごとくロドルフォとヴァスコは渋った。

「われわれは革製品で商売しているんだよ」とヴァスコは抵抗した。彼は兄があまりにも性急に事業を拡大することを危惧《きぐ》しており、少し落ち着く必要があると思っていた。「香水なんてどこから手をつけていいかわからないだろ」

「香水は高級品市場の最先端に立つ製品となる」。アルドは断言した。「われわれの顧客の大半は女性で、女性は誰でも香水が好きだ。高級感ある香りを作って高価格で販売したら、きっと買ってくれるにちがいない」

ヴァスコとロドルフォはしぶしぶながら承諾し、一九七二年に新会社グッチ・パフューム・インターナショナル・リミテッドが発足した。アルドが香水ビジネスを始めようと考えた裏には二つの意図があった。多角化をはかるにあたって、皮革製品を補完する製品として、香水は潜在的に成長が期待できる製品分野であると確信していたこと。そして自分の息子たちを自社ビジネスに組み入れていくにあたって、さほど大きな権力を与えず、しかし歯車の一つとして社業を担わせるのに香水事業はふさわしいと考えたことである。規模の大きくない新規事業ならば、自分の息子たちをかかわらせても弟たちが抵抗しないだろう、とアルドは読んでいた。みずからの後継者を持たないヴァスコはそんなことを気にもしないだろうし、ロドルフォはマウリツィオと当時仲たがいをしていて、新事業の株を息子に与えるなど考えもしないだろう。

もう一つの重要な製品分野は、一九六八年アルドがセヴェリン・ウンデルマンという男と出会ったことがきっかけで生まれた。ウンデルマンは東ヨーロッパからの移民の子どもで、一四歳で孤児になり、若いころは辛酸をなめた。姉が住んでいたロサンゼルスで育ち、のちにヨーロッパに渡った。一八歳のとき、いまはもう倒産して存在しないジュヴェニアという時計の卸屋《おろしや》で働き出した。ウンデルマンはそのとき、時計のビジネスで金を儲けられることに気づいた。

アルドに会ったとき、ウンデルマンはフランスの時計会社、アレクシス・バルトレーをアメリカ市場で販売するセールスマンとして働いていた。ニューヨークに出張し、四七番通りに出店していたカルティエやヴァン クリーフ&アーペルをはじめとする高級宝飾店と交渉したあと、グッチの代表にも会おうとヒルトン・ホテルに滞在していたグッチ家の人々を訪れた。ロビーで慣れないプッシュボタン式の電話をかけようとしたウンデルマンは、うっかりアルドに直接電話をかけてしまった。驚いたことに、アルド本人が受話器を取り上げ、二人の男たちはいきなり話を始めた。

「アルドは女性の斡旋《あっせん》を頼んで、その連絡を待っていたらしいんだよ。私が口ごもったのを、言い逃れをするためだと勘違いしたんだ」とウンデルマンは当時を思い出していう。

気短なアルドはウンデルマンの要領を得ない話しぶりにすぐに堪忍袋の緒が切れ、フィレンツェ訛《なま》りのイタリア語で「てめえ、いったいどこのどいつだ?」と怒鳴った。

ウンデルマンは当時フィレンツェ出身の女性とつきあっていたので、いっていることがわかって怒鳴り返した。

「おれはあんたが考えているようなあやしいことをやる人間じゃない」とウンデルマンは怒鳴った。「てめえこそ、いったいどこのどいつだ!」

「おまえはいまどこにいる?」。アルドがわめいた。

「下だよ」。ウンデルマンも怒鳴った。

「上がってこい。おまえの目ん玉をひんむいてやる！」

ウンデルマンは足音も高く上がってきて、一発お見舞いしようと腕まくりをした。

「そしたらあいつがおれにつかみかかってきたんで、おれもあいつに組みつき、お互い顔を見合わせてにらみあったところで思わず吹き出してしまったんだよ。それがアルドと、ひいてはグッチと私のつきあいの始まりだった」。ウンデルマンは思い出す。

商売上の関係を越えて、二人の友情は深まった。親友とか商売仲間という関係を越えて、アルドはウンデルマンの人生の師となり、ウンデルマンはアルドのもっとも近しい腹心の友となった。

一九七二年、アルドはウンデルマンにグッチのブランド名をつけた時計の製造卸のライセンスを与えた。ウンデルマンは自社、セヴェリン・モントルをカリフォルニア州アーヴァインで立ち上げ、二五年かけて時計をグッチの主力製品にまで成長させた。さっそうとした押し出しと、人の意表をつく威勢のよさで、彼は少しずつスイスの時計製造業者の閉鎖的な輪の中に入り込み、製造と販売網を確立し、当時業界の一員と認められるために不可欠だった、時計の展示会で出展ブースを確保するまでにいたった。グッチはスイスの時計業界の一角に食い込んだ、ファッション時計ブランド第一号となった。

「世界の主要な時計会社は、少なくとも一つは成功したモデル商品を持っているものだ。

二つ持っているものは数えるほどしかない。われわれは一一も持っている」とウンデルマンは自慢する。

新たなライセンスのもとで生まれた最初のグッチの時計はクラシックなスタイルで、モデル2000と名づけられた。ウンデルマンはアメリカン・エキスプレスと組んで前例のないダイレクト・メールによる通信販売を行なった。またたくうちに、グッチ時計の販売個数は五〇〇〇個から二〇万個まで跳ね上がった。それから二年間で一〇〇万個以上を販売し、ギネスブックに載ったほどだ。リング・ウォッチとして有名になった女性用の時計がつぎに売り出された。ゴールドのブレスレット型時計で、付属としていくつかつけられた色つきの輪にはめこめる仕様になっている。この製品はたちまち大ヒットし、一五パーセントという今日でも高いロイヤリティのおかげで、ウンデルマンもグッチも大儲けした。「通信販売した時計のおかげで、ウィスコンシン州の片田舎のオシュコシュでもグッチの名前は知られるようになった」とウンデルマンはいった。「みんなグッチと聞くと、『ああ、そういやグッチって靴も作ってるんだね』というようになったんだ」

グッチが時計のライセンスを与えたのはあとにも先にもウンデルマンだけで、両者の関係は二九年間も続いた。一九九〇年代の終わりまでにグッチの時計ビジネスは年商二億ドルにのぼり、三〇〇〇万ドル以上のロイヤリティが転がりこんだ。のちにグッチが資金不足の苦境に陥ったとき、社の柱となる収入源となった。ウンデルマン自身も富を築き、カリフォルニア、ロンドン、パリとニューヨークに豪邸をかまえ、のちに南仏に城も買った。

一九七〇年代にグッチの所有形態に大きな変化を引き起こす出来事があった。ヴァスコが一九七四年五月三一日に肺癌で亡くなったのだ。享年六七だった。イタリアの法律にしたがって、彼が所有していた社の三分の一の株は未亡人となったマリアが相続することになった。二人には子どもがいなかった。アルドとロドルフォは社外に株が散逸するのを防ぐために、株価に相当する金額で株を買い取りたいとマリアに申し入れ、彼女は同意して二人は胸をなで下ろした。いまやアルドとロドルフォが五〇パーセントずつ株を分け合うグッチ帝国の二大株主となり、これによってグッチの将来はより安定するように思えた。ロドルフォはまだ息子と和解しておらず、株を息子に分けることは考えていなかったが、アルドは息子たちがグッチの母体をともに支えるよう、彼らに株を譲渡する時期が来たと考えた。そこで三人に三・三パーセントずつ、計一〇パーセントを分けた。寛大で公平な父親として振る舞い、自分の統率権がそれで揺らぐことになるとは夢にも考えなかった。もし息子たちの一人がロドルフォと組んで、役員会で五三・三パーセントの過半数で議決権を握ったらどうなるか、など考えもしなかった。アルドとロドルフォの二人は、オフショアに持株会社を設立してそこにグッチの株を預ける形をとった。パナマに本社を置くヴアンガード・インターナショナル・マニファクチャリングという会社がアルドの株式の名義上所有者となり、アングロ・アメリカンがロドルフォの株式の所有者となった。

時計のビジネスは即座に成功をおさめることができたが、香水ビジネスはつまずいた。経費がかかりすぎた上に、必要な専門知識がグッチ社内に欠けていたからだ。あきらめられないアルドは一九七五年にてこ入れをはかり、グッチ・パルファン株式会社としてあためて会社を興し、アメリカで香料製品を手がけていたメネン社にライセンス委託して最初のグッチの香水を開発し販売を始めた。新会社の所有権はアルド、ロドルフォとアルドの三人の息子たちがそれぞれ平等に二〇パーセントずつ握ることにした。

アルドも息子たちもひそかに、ロドルフォが握っているグッチ本社五〇パーセントの所有権は、ビジネスへの貢献度から考えると多すぎると感じていた。そこで新規事業をグッチ・パルファンのもとで行うことにして、会社の利益をしだいに新会社に組み入れていく計画を立てた。実施するにあたって、バッグやアクセサリー類の新しい商品ラインを新会社で開発し、グッチ店ばかりでなく香水店でも販売する権利を確保した。また六人の子どもがいる息子のロベルトを助けようと、彼をグッチ・パルファンの代表取締役に任命した。新商品ラインはグッチ・アクセサリーズ・コレクション、略してGACと名づけられ、ロベルト・グッチがフィレンツェでビジネス面の指揮をとり、アルドがニューヨークで開発の監督にあたった。商品は化粧ポーチやトートバッグなどで、Gを二つ組み合わせたモノグラムをプリントしたキャンバス地で作られ、グッチのトレードマークとなっている茶か濃青の豚革でトリミングされ、ストライプの吊紐がつけられた。この商品群はGAC、またはキャンバス・コレクションと呼ばれた。手作りの皮革製品よりも安価なGACの商品のおかげで、グッチの顧客はより広がった。また香水を置く化粧品店やデパートに、グッチの香水と並べて化粧ポーチやトートバッグを販売できるのも、販路を広げる意味でいいアイデアだった。

一九七九年に導入されたとき、このアイデアは非常によく考えられてうまくいきそうだと思えたが、GACはグッチのビジネスの基盤を揺るがしただけでなく、最終的に家族の結束にもひびを入れる結果をもたらした。新商品群の導入によって、グッチは「品質」を管理する力を失った。ロベルトはGACブランドで販売する商品アイテムをライターやペンまで広げて急速に増やしていき、香水の製造販売会社は、やがて親会社よりはるかに大きな利益を上げるようになった。アルドの承諾を得て、マリア・マネッティ・ファロウという、かつてジョゼフ・マグニンでグッチのフランチャイズ店を任されていたビジネスウーマンがGACの卸販売事業を担当するようになり、より広範囲に小売店を巻き込んで商品販売網を確立しようとした。

フィレンツェ出身のマネッティ・ファロウは優れた商売人で、上昇志向が強く、やがてGACの量販事業を仕切る凄腕として全米の小売業者に名前が知られるようになった。製造業と小売業務に通じていた彼女は、キャンバスバッグを直接フィレンツェの親会社から仕入れ、全米のデパートや専門店に卸す流通ルートによって、GACの卸売上高をたった数年でゼロから四五〇〇万ドルにまで引き上げた。彼女は八〇カ所にPOSシステムを導入して販売管理をすることも始めた。一九八六年にグッチが権利を取り上げるまで、マリア・マネッティ・ファロウはベストセラー商品となった一個一八〇ドルのキャンバスダッフルバッグを年間三万個販売したのをはじめ、年間六〇万点を全米二〇〇以上の都市で販売し、三〇〇以上の小売店と一〇〇〇万ドル以上の取引をしていた。グッチのキャンバスバッグは一〇年間で全米一〇〇〇店舗以上で売られていたことになる。

「さほど旅行に出かけないし、グッチの店に入るのをためらう人たちにも商品が届くようにしたのです」と彼女は説明した。

一九八〇年代も終わるころ、GACはデパートや化粧品売場に大量に並ぶようになり、プロのバイヤーは、グッチには「ドラッグストアのイメージがつきまとうようになった」と懸念した。

GACはまたもう一つの重要な問題を引き起こした。偽物の氾濫である。安手のキャンババスバッグは手作りの革バッグよりもはるかに簡単にコピーできたために、品質の劣る偽物が市場にあふれた。GGのイニシャルが入り、赤とグリーンでトリミングされた財布が、フィレンツェのあちこちの店をはじめ、アメリカの主要都市の安物アクセサリーショップに山のように積み上げられた。アルドは偽物で経営が破綻すると知っていた。

「三カ月後にはコピー商品が氾濫するとわかっているのに、女性はわざわざ高いハンドバッグなんか買うはずがない」とアルドは〈ニューヨーク〉誌のインタビューで述べた。

グッチは偽物商品に対して、長期間にわたって断固とした法的闘いを挑んだ。一九七七年だけでもグッチは六カ月間に三四件の訴えを起こし、一九七八年上半期だけでもグッチの訴えによって二〇〇〇点のハンドバッグが差し押さえられ、一四軒のイタリアの偽物メーカーが倒産した。だがブランドネームを守ろうと躍起になっていたグッチ家は、足元におこっていた火種をうっかり見過ごしてしまった。

アルドの息子パオロは創造的才能に恵まれた変わり者で、社内で充分な発言権が与えられていないことにかねてより不満をくすぶらせており、直属の上司である叔父のロドルフォと、クリエイティブ面に加えて経営戦略をめぐってなにかと衝突するようになっていた。ロドルフォは自分こそが社のクリエイティブ部門の指揮をとっていると自負していたので、甥の提案や批判を苦々しく思った。三・三パーセントの株をもらったことでしばらくは大人しくなっていたパオロだが、やがて株主としての地位を足がかりに、役員会議の席上でデザイン、製造からマーケティングにいたるまで自分の意見を主張するようになった。ヴァスコが亡くなって以降、スカンディッチの工場の上階でデザインと製造を仕切っていたパオロは、陽気で人好きする性格の一方で、いったん切れると手が付けられないほど感情を爆発させることがあり、従業員から恐れられていた。パオロは叔父ロドルフォの人柄には信頼を置いていたが、組織を率いる力はないと見ていた。一方で個人的にはそりが合わない父ではあったが、生まれながらのリーダーだとその経営手腕を高く買っていた。

フィレンツェからパオロは、毎日のようにミラノにいる叔父ロドルフォに不満を書きつづった手紙を出した。もっと流行に敏感な若い層を狙った安い商品をライセンス販売するべきだ。ジョルジョがローマに出した店が成功しているのにならって、セカンドラインの店を出すべきだ。つぎつぎとアイデアを出す――ことごとくただちに却下された――以上に彼が熱心だったのが、株主の立場を利用して出席する役員会議の席上、会社の財務に関する不愉快な話題を持ち出すことだった。売上高は世界的に順調に伸び続け、フィレンツェの工場はフル稼動し、雇用者数も世界中で数百人を数えるようになったというのに、なぜ会社の金庫にはまったく金が入っていないのか。一九七九年、グッチ・ショップス有限会社はアメリカで四八〇〇万ドルという売上高を記録したというのに、利益は一銭も出ていない。なぜそんなことが起こりうるのか？　パオロは疑問を声高に口に出した。それ以上に、自分と兄弟がもらっている給料が暮らしていくのにさえ足りない額だと思っていた。アルドは息子たちの給料を、最低限の生活しかできない程度に抑えつづけていた。ときおり彼はボーナスを出して幸せな気持ちにしてくれた。「息子たちにプレゼントして喜ぶ顔を見ようじゃないか」。アルドは楽しげにそういうと、給料の小切手にいくばくか上乗せした金額を書き入れた。

表に出る利益がどう見ても少なすぎることは、家族の間でも驚きをもって受け止められていた。ロドルフォは、アルドの事業拡張熱が行き過ぎた結果だと彼を責めた。グッチ・パルファンの設立に金がかかりすぎた上に、たったの二〇パーセントしか持ち分がないロドルフォにはすずめの涙ほどの配当で、大半はアルドと息子たちのほうに行ってしまう。一方で、パオロと兄弟は叔父が親会社の五〇パーセントも所有していることを恨んでいた。親会社は父が作ったようなものじゃないか。パオロからの不平不満がつづられた手紙が机に山積みになって、ロドルフォはついに堪忍袋の緒が切れた。

一九七〇年代終わりに起こった些細《ささい》な出来事は、従業員たちにとってはほとんど記憶にも残らないほどだったが、のちに家族全体を巻き込む大きな争いへと発展する火種となった。ある日トルナブオーニ通りの店にやってきたパオロは、ロドルフォがデザインしたお気に入りのバッグの一つを勝手にショーウィンドウからはずした。ひと言の相談もなくディスプレイを変えられたことを知ったロドルフォは、誰がやったのか教えろと迫った。事実を知った彼は激怒した。そのすぐあとに行われた記者会見の席で叔父から公然と非難されたパオロは、席を蹴立てて出ていってしまった。フィレンツェのデザイン・オフィスでのミーティングでは、ハンドバッグが文字どおり飛び交い、開いていた窓から投げ出されて道路に転がったものまであった。激しい応酬のあった翌日、朝出勤して工場の門を開けようとした守衛が転がっているバッグを見つけ、てっきり泥棒が入ったと勘違いして警察を呼ぶという騒ぎも起きた。これはいまもグッチに言い伝えられる「伝説」となっている。

パオロは父に電話をかけて、叔父が自分を蚊帳《かや》の外に置き、デザイン・ディレクターという肩書きにふさわしい仕事をさせてくれず、自分に相談もなく事を進めると訴えた。アルドはつねに仲裁役を演じてきたが、このとき問題を根本から解決しようとせずに一時しのぎの提案をした。とりあえずニューヨークにやってきて、こっちで仕事をしたらどうかね、と息子を誘ったのだ。

「ひと息入れるといいよ、パオロ」。アルドはやさしく息子にいった。「アメリカは生活と仕事の場としてすばらしいよ。こっちでアクセサリーとデザインの責任者になるといい。ジェニーもそのほうがいいんじゃないかな。もう一回歌手としてのキャリアを積めるよ」。

パオロは最初の妻と二人の娘とは関係が破綻し、一九七八年にハイチでイギリス人の歌手志望というジェニファー・パッドフットと結婚していた。パオロもジェニファーも興奮した。アルドは息子夫婦に五番街から歩いて五分もかからない場所にあるマンションを用意し、グッチ・ショップスとグッチ・パルファン・アメリカの副社長に任命して、肩書きにふさわしい役員並みの給料を支払った。有頂天になったパオロは、無限の可能性を秘めているように見えたアメリカ市場を開拓するための新しいアイデアをつぎつぎと打ち出した。一九七八年のことだ。

一九八〇年、アルドは一九七七年に購入した、五番街六八五番地、五四番通りを渡ったところにある前コロンビア・ピクチャーズ・ビルディングに、豪華な新店舗を出店した。一六階建てのビルの下四階分は、エレベーターと上階のほかの店子《たなこ》が使うための設備を残しただけでがらんどうにされた。広いオープンスペースを支えるためにあらたに鉄筋とコンクリート柱を入れる改装が行われ、その費用だけで一八〇〇万ドルかかった。広々としたアトリウムとなった店舗には、二機並んだガラス張りエレベーターの間の壁に、一五八三年フランチェスコ・デ・メディチ大公に献上された巨大なタペストリー『パリスの審判』がかけられた。ニューヨークの建築家、ワイスバーグ&カストロによって設計された下三階の内装は、ガラスとトラバーチンとブロンズで仕上げられている。一階はハンドバッグとアクセサリー売場で、二階は紳士、三階は婦人もの売場となった。グッチの経営体制が変わったのをきっかけに改装された一九九九年まで、店舗の内装は変わらなかった。

グッチはそのころまでにスタイルを持つ最高級ブランドとみなされ、最先端を行くおしゃれのシンボルだとアメリカ人の頭にしっかりと刻まれていた。

パオロがニューヨークでの生活を楽しんでいる一方で、ロドルフォは自分に対する甥の仕打ちをけっして許していなかった。兄が自分になんの断りもなく、さっさと息子をイタリアから異動させた軽々しい処置に腹立たしさがつのるばかりだ。そしてマウリツィオが自分のもとに戻ってきたいま、パオロがわが子よりも上に立つことをみすみす許しておくわけにはいかない。一九七八年四月、ロドルフォはパオロに手紙を書き、フィレンツェの工場での職務不履行によりイタリアの会社を首にすると伝えた。アルドに喧嘩を売ったに等しいこの手紙で、ロドルフォはパオロをめぐって我慢の限界を越えていることをはっきりと示した。

パオロは朝出勤しようとするときこの手紙を受け取った。手紙は彼を怯《おび》えさすより、ますます決意を固めさせた。「そっちがその気なら、こちらだってやってやる」と彼はジェニーに宣言した。父が持っている力を使って、会社の中におけるロドルフォの地位をつぶしてやると誓った。業績のよいグッチ・アクセサリーズ・コレクションを抱えるグッチ・

パルファンの所有権を二〇パーセントしか持っていないことが、叔父の力をそぐための切り札になると計算した。

ただ問題は、父と自分の関係がうまくいっていないことだ。マウリッツィオはうまく伯父のアルドの機嫌をとったが、パオロは何かといえば父とぶつかってばかりだった。ひんぱんに顔を突き合わせて仕事をしていると、お互いいらだちがつのった。アルドは専制君主で仕事を全部自分の思い通りにやらないと気がすまず、やりたいことについて非常に明快な意見を持っていた。

「いっさい自由にさせてもらえない」とパオロはこぼした。「なんの権限も与えてもらえないんだ」

商品に変化をつけようと、パオロはハンドバッグの中に色のついた薄紙を詰めたことがある。これがアルドを激怒させた。アルドはわめいた。「色あせするってことがわかってないのか！　このバカが！」

到着が遅れた注文品を送り返したときも、アルドはがなりたてた。「この下請けとは長年仕事をしているんだ。そんな仕打ちをすることは許さない」

パオロは父の独裁的姿勢に我慢がならず、なんとかしたいと考えていた。フィレンツェに戻ることは論外だ。すでに友人を増やし人脈を築いたニューヨークで、自分の名前を元手に何か始めることはできないか、その可能性を探ることにした。すぐに家族に自分の計画をそれとなくにおわせた。

「アルド、おまえの息子はいったい何を企《たくら》んでいるんだ?」。ロドルフォがスカンディッチのオフィスから兄に電話した。地元の業者に、パオロがPGのブランド名で独自のコレクションを打ち出す相談を持ちかけており、すでに噂話の域を越えているというのだ。デザインも価格も出荷の日も決まっているという。しかも発注量は半端《はんぱ》ではない。どうやらスーパーマーケットでも販売したがっているらしい、と業者の一人はいっていた。

アルドは電話を切ると火を噴きそうな勢いで怒った。パオロにとって父の反応はまったく計算ちがいだった。自分の味方をしてロドルフォに対抗してくれると思っていたのに、父は息子の自分に怒った。たしかにアルドとロドルフォの兄弟はたえずぶつかっていたが、いったん会社の利益を損なうような事態が起こると、二人はがっちりと共同戦線を張る。二人ともパオロの行動はグッチの名を脅《おびや》かし、これまで自分たちが築き上げてきたものを破滅に追いやると察知した。アルドは机に拳《こぶし》を叩き付けた。自分が息子のためにやってきたことの礼がこの仕打ちだ。

五番街の店の上階にある自分のオフィスにパオロを呼んだ。彼の怒鳴り声で部屋が揺れた。

「このバカモノ！　おまえは首だ！　おれたちと競合しようなんて頭がどうかしているぞ。おまえみたいなバカは見たことがない。もうこれ以上かばいきれん」

「なぜみすみすチャンスを逃すようなことをするんだよ」。パオロはいい返した。「おれは会社のためを思ってやったんだよ。それを破滅させるだなんて！　首にするというんだったら、自分の会社を設立する。どちらが正しいかはっきりさせようじゃないか」

足音高く出て行くと、弁護士のスチュアート・スペイザーを呼んだ。数日後、PGというあらたな商標を登録するための書類が正式に提出された。

やがて父から解雇通知が届いた。一九八〇年九月二三日付で役員を解任するという正式通知だった。二六年間働いてきた会社から一銭の退職手当も出ないと知ったパオロは、ふたたび裁判所にイタリアの親会社を告訴する訴状を提出した。これによってパオロが危険人物となる可能性があることを、ロドルフォはあらためて確信した。一族はパオロを呼ばずにフィレンツェで役員会議を開き、彼を相手どって法的に闘うための費用として八〇〇万ドルの支出を決定した。

グッチは会社としてパオロに対して法的措置を取ると決め、弁護士を雇って、パオロがコンタクトを取っていたライセンシー全員に、パオロ・グッチの名前で販売する予定のあらゆる商品をただちに差し押さえるという通知を送った。ロドルフォは個人の名前で、グッチと取引のある業者全員に、パオロと取引をしたものは今後いっさいグッチとは取引しないと通達を出した。

コピー商品との闘いなど、今回に比べればほんの小競《こぜ》り合いでしかなかった。それから一〇年間一族を巻き込んだ争いによって、それまで家族経営で閉鎖的だったグッチのビジネスに終止符が打たれた。派閥、裏切り、和解と繰り広げられたドラマは、石油で富を築いた一族の泥沼の権力争いを描いたアメリカのTVドラマになぞらえて「アルノ川岸の『ダラス』」とメディアで書かれたが、むしろニコロ・マッキャベッリを生んだ、陰謀渦巻くルネサンス時代のフィレンツェを彷彿させる争いであった。

6 パオロの反撃

PAOLO STRIKES BACK

グッチ側がパオロの告訴に対抗するための準備を整え戦線を張ろうとしているとき、自分の名前でブランドを立ち上げるというパオロの姿勢は断固揺るぎないものとなった。一九八一年に、まずは自分の名前を使う権利を求める訴えから彼の攻撃は始まった。一九八七年までに父とグッチ社を相手どって一〇件もの訴状を提出した。父と叔父が素材供給者から買い付けようとする彼の試みをことごとく妨害すると、ハイチでの生産を試み、やがて一族は彼がなんとグッチのコピー商品までそこで作らせていたことを知った。

まもなくアルドとロドルフォは、しだいにグッチ全体での比重を増していたグッチ・パルファンをめぐって意見が衝突した。ロドルフォはアルドのおかげで自分がこれまでやってこられたことには感謝していたが、同時に兄の自信と権力をうらやんでおり、自分も兄と同じようになりたいとつねに願っていた。アルドのような才能は持っていなかったが、兄が辣腕《らつわん》をふるうのはおもしろくなかった。ロドルフォは後継者であるマウリツィオが社内で充分な力を持っていないことも懸念していた。

パオロとの争いが起こったとき、ロドルフォは自分が掌握できていない事業分野の支配権を求めた。グッチ本体の収益を子会社のグッチ・パルファンに大々的に吸い上げさせてうまい汁を吸おうというアルドの魂胆《こんたん》がわかっていたロドルフォは、自分が二〇パーセント、マウリツィオにいたってはゼロのグッチ・パルファンの持ち分をなんとか増やそうとした。そこでアルドに、グッチ・パルファンの株を譲渡するよう迫ったが拒否された。

「息子たちの持ち分を変えておまえの持ち分を増やす理由が見つからないからね」というのがアルドのいい分だ。香水事業に食い込むことに失敗したロドルフォは、別の方向から自分の力を拡大しようとした。

そこで、イタリア生まれでワシントンDCで法律事務所を開いて成功している若手弁護士、ドメニコ・デ・ソーレを雇った。パオロ以外でアルドに対抗できる男にはじめて巡り合った、とロドルフォは思った。ローマ生まれのデ・ソーレは、軍隊で将校をつとめていた父にしたがってイタリア国内を転々と転居しながら育った。ローマ大学法律学部を卒業した彼は、ハーバード・ロースクールで博士号を取ると決めた。アメリカに渡ると、誰にでもチャンスを与えてくれるこの国がすぐに気に入った。

「マンマとパスタしか興味がない同世代のイタリア人から離れてアメリカにやってくると、何もかも新鮮で興奮した」とデ・ソーレはのちにいっている。アメリカでは最富裕層はたたき上げで自分で財産を一から作った人たちだが、ヨーロッパではたいてい生まれながらにして金持ちだ。自分のあふれんばかりの野心とエネルギーが、チャンスをものにしていくことを重視するアメリカとうまく合っているとわかった。周囲から「二〇〇パーセントアメリカ人」と太鼓判を押されるほどアメリカに溶け込んだデ・ソーレは、IBMで働くエレアノーレ・リーヴィットと結婚し、やがてパートナーとともにワシントンDCで弁護士事務所を開業した。外国出身者にはむずかしいといわれた税対策を専門とし、アメリカで事業を展開するイタリア企業を顧客にした。

デ・ソーレとグッチ家の関係は、彼がたまたまミラノに立ち寄ったときに、地元の弁護士から頼まれてグッチ家の会議に出席したことからはじまる。会議が紛糾して収拾がつかなくなったとき、意見を求められたデ・ソーレはその場を見事に取り仕切って、グッチ家の人々から一目置かれるようになった。がさつで洗練されてないとデ・ソーレのことを最初見くびっていたグッチ家の人たちだが、その一件で彼に対する見方を変えた。会議の席上、口をはさもうとしたアルドに対して彼が「グッチさん、お話しになる順番を守ってください。あなたの番が来るまでどうぞお待ちください」とびしっといったとき、ロドルフォは感心して目を丸くした。会議は結局決裂したが、終わった瞬間にロドルフォはデ・ソーレを雇うことを決断した。

「あんな風にアルドに対抗できる人物こそ、私のために働くべきだ」と彼は興奮した。デ・ソーレとともにロドルフォは、グッチ・パルファンをグッチオ・グッチに組み入れるための運動を始めた。そうすればロドルフォは儲かっているGACの持ち株比率をいまの二〇パーセントから五〇パーセントに増やし、発言権を獲得できるだろうと読んだ。

弟の工作に怒りをおぼえ、弟の影響力を社内から一掃しようと考えたアルドは、株主会議の席上でパオロに自分への忠誠を求めようと、あるとき息子をパームビーチのオフィスに呼び出した。ロドルフォはその会議に出席できなかったので、自分の代理としてデ・ソーレを派遣した。三人の男たちはアルドの細長い狭いオフィスのテーブルについた。

パオロは父親の頼みを聞く気はさらさらなかった。アルドに、自分の名前でブランドを出すことができるなら父側についてやる、といった。会社と一族への忠誠心など、不当な仕打ちを受けたときにとっくに失っている。

「おれの息の根を止めようとしているあんたと手を組んで、ロドルフォ叔父さんに対抗しろ、なんてよくいえるな」。パオロがそういうと、アルドは椅子から飛び上がって部屋の中を荒々しく足を踏み鳴らして歩き回った。「もうこの会社じゃ働けないよ。ここ以外の場所でおれはやっていく。あんたがおれを首にしたんだからな。おれが頼んだわけじゃない」。激しい口調で息子はいいつのった。

アルドの足取りはますます速くなった。息子に無理やりに頭を下げさせられるなど、まったく我慢がならない。自分の席まで戻ってきたとき、ついに爆発した。手近にあったパオロがデザインしたグッチ製のクリスタルの灰皿をつかんだ。

「大バカ野郎が！」。大声で吠えるなり息子に向かって投げつけた。会議室の壁にぶつかって灰皿は粉々に割れ、パオロとデ・ソーレの上にクリスタルの破片が雪のように降りかかった。

「おまえは頭がどうかしてる！」。顔を真っ赤に上気させ、首の静脈を浮き上がらせて、アルドはわめいた。「なんでおれの言うことが聞けないんだ！」

この出来事で家族と歩調を合わせようという気持ちはパオロからすっかり失われ、かわって打倒グッチの決意が固まった。グッチ一族は自分をぜったいに認めようとしない。それがどれほど大きなまちがいか、はっきりさせてやろうじゃないか。

だがアルドは、このときの喧嘩を深く悔いた。ビジネスの観点から考えると、パオロという貴重な人材と彼のエネルギーを失ったことになるし、対外的にもマイナスだ。個人的にも息子との争いに彼は傷ついた。一族の結束を信じていたし、パオロと仲直りすることを、実はアルド本人が一番望んでいた。そこで休戦を決めた。一九八一年の年末から八二年の年始にかけて、パオロとジェニーをパームビーチの自宅に呼んで、ブルーナとともに歓待した。またミラノのロドルフォに電話をかけて、クリスマスと新年の挨拶を終えると単刀直入に切り出した。

「フォッフォ、パオロとじっくり話し合ったよ。彼は戻りたがっている。この争いに終止符を打つ必要がある」。そこで二人はパオロの意を汲んだ和解案を一月に提示した。グッチ帝国はこのとき大々的に変わることになった。親会社のグッチオ・グッチと、グッチ・パルファンをはじめとする子会社を合体させてグッチオ・グッチ株式会社とし、ミラノ証券取引所に上場する。アルドの三人の息子たちはグッチ全事業の一一パーセントずつを取得し、アルドは一七パーセントを取って、パオロはグッチオ・グッチの副社長に就任する。それに加えてグッチ・パルファンのもとにあらたにグッチ・プラスという新しい部門を設立し、ライセンス業務を一括する。パオロはこの業務を担当する部長に就任し、グッチの名前のもとに彼がすでにかわしたライセンス契約を結ぶことができるようになる。加えて、利子をつけて退職金を支払い、年間一八万ドルの給与を払う。パオロはこれで望んでいたすべてを手に入れるように思えた。契約には両者ともかかった経費を自分たちで負担することと、パオロが自分の名前を出して製品をデザインし商品を宣伝することを取り止めるという条項があった。

パオロは疑いを捨てきれなかった。自分のデザインは、ロドルフォが社長をつとめる会社の役員会で承認されなければならないといわれて、疑いがあたっていると確信した。それでも彼は条件を呑んだ。二月半ばにやっと契約書に署名したが、休戦は長続きしなかった。

グッチ一族は一九八二年三月に開かれた役員会議にパオロを呼び、すでに彼が契約を結んでいた製品ラインのくわしい資料を提出し、またグッチ・プラスのために準備している新しい企画案を説明するよう命じた。パオロは説明資料の準備に奮闘したが、会議は彼が期待していた趣旨で開かれたものではなかった。役員会は彼の提案をことごとく却下し、低価格帯を打ち出すというコンセプトは「社の利益に反する」と切り捨てた。以前よりもっと苦い思いを噛みしめたパオロは、自分が罠《わな》にかけられたとやっと気づいた。デ・ソーレはのちに、それはパオロ側のいい分で、彼の行動がどれほど社に悪影響を及ぼしたか考えてほしい、といった。

ときを置かず、役員会は会社におけるパオロの業務決定権を一時停止すると決めた。彼は役員会に出席する役員の一人であるが、自分のデザインを製品化して販売する権利を剝《はく》奪《だつ》されてしまったことになる。二月に退職金を受け取ってから三カ月後、彼は再び解雇された。「バカを見たよ」と彼はいった。「あの契約や保証はすべて、叔父からおまえは役立たずだという烙印《らくいん》を押されるためのものだったんだ」

一九八二年七月一六日の有名な役員会議は、トルナブオーニ通りのグッチ店上階にある会議室で開かれたが、開始前から室内にはいまにも爆発しそうなほどに緊張が高まっていた。パオロはもはや社内でどんな仕事をすることも許されなかったが、株主として経営の決定には口を出せる地位を利用して会議に参加した。アルド、ジョルジョ、パオロ、ロベルト、ロドルフォ、マウリツィオという役員がウォルナット材のテーブルにつき、部屋は外よりも暑く重苦しかった。アルドが右に息子のロベルト、左に弟のロドルフォをしたがえて長いテーブルの一方の端についた。パオロはもう一方の端にジョルジョとマウリツィオにはさまれて座った。

アルドが会議を始めると宣言し、秘書に前回の議事録を読み上げるように命じ、それは承認された。つぎにパオロが申し立てを述べたいといい、会議室には不満のひそひそ声と目配せが飛び交った。

「おまえがいったい何をここでいいたいというんだ?」。いらいらした口調でアルドが聞いた。

「この会社の役員の一人でありながら、これまで社の出納簿や書類を見ることを拒否されてきた。これから話し合う前に、私の地位をはっきりさせておきたい」。パオロはいった。たちまち反対の声にさえぎられた。

パオロは負けじと大声を張り上げた。「香港に社から金を受け取っている株主が二人いる。いったいこれは何者なんだ？」

パオロは、会議の書記をつとめるドメニコ・デ・ソーレが議事録を録っていないのに気づいた。

「なぜ私の質問を書きとめない？　この会議の内容が記録されることを要求する！」。パオロは大声で抗議した。デ・ソーレはちらりと部屋を見回して、誰もそれに賛成せず身動きもしないことを確認した。それを見たパオロは、書類鞄からテープレコーダーを取り出し、自分の苦情を録音し始めた。それからテーブルの上に質問事項を書き並べた書類を投げつけた。「これを議事録に加えることを要求する」

「そんなものはしまえ！」。アルドがわめき、ジョルジョが部屋を横切ってパオロからテープレコーダーをもぎ取ろうとしてうっかり壊してしまった。

「この野郎！」。パオロは怒鳴った。

アルドがパオロのもとに走ってきた。パオロがジョルジョとアルドにつかみかかろうとしていると思ったマウリッツィオは飛び上がり、背後から従兄を羽交《はが》い締《じ》めにした。アルドはパオロのところまで行くと、テープレコーダーを奪おうとして争いになった。つかみ合っているうちにパオロの頰が引っかかれて血が流れ出した。少量ではあったが出血を見たとたん、室内は静まった。マウリッツィオとジョルジョはパオロを押さえ込んでいた手を放し、パオロは書類鞄をつかむなり部屋から走り出てびっくりしている従業員たちに叫んだ。

「警察を呼べ！　警察だよ！」

電話交換手から受話器をもぎとると医者と弁護士に電話をかけ、エレベーターで階下の店に降りると、目を真ん丸くしている店員や客たちにわめいた。「見ろ！　グッチの役員会ではこんなことが起きているんだ！　あいつらはおれを殺そうとしたんだぞ！」。店内を突っ切ると、彼は地元の病院に駆けつけて治療を受け、傷の写真を撮るようにと命じた。パオロ五一歳、ジョルジョ五四歳、アルド七七歳、ロドルフォ七〇歳、そしてマウリッツィオ三四歳の出来事だ。

その夜、青ざめて包帯を巻いたパオロが帰宅すると、ジェニファーはショックを受けた。

「信じられなかったわ！　いい年をした大の男が町のチンピラみたいに殴り合ったのよ」

「パオロはひどく引っかかれたわけではないよ」とデ・ソーレは何年かあとにいった。

「ほんの引っかき傷だったんだけれど、あの出来事はまるで大騒動みたいに伝えられてしまった」

それからわずか二日後、パオロの弁護士、スチュアート・スペイザーはニューヨークでグッチを相手取って一連のあらたな訴訟を起こした。今回は暴行と不法接触を含め、契約不履行と役員の一人として会社の財務状態を調べる権利を拒否したことへの訴えである。彼は受けた肉体的・精神的傷害に対して総額一五〇〇万ドルの賠償を求めた。いわゆる休戦協定を無効にした契約不履行について一三〇〇万ドル、暴行と不法接触について二〇〇万ドル。マスコミはこの喧嘩を大喜びで書き立て、アルドを愕然《がくぜん》とさせた。

「テレビドラマ『ダラス』を越えるドラマ。華やかなブランドの陰で、グッチ家の内部は大荒れ」と〈ピープル〉誌は書いた。「グッチ家の大喧嘩」。ローマの新聞、〈イル・メッサッジェーロ〉の見出しだ。「グッチの兄弟喧嘩」。イタリアの有力新聞〈コリエーレ・デッラ・セーラ〉紙まで書き立てた。ニューヨークの裁判所はイタリアで起こった事件であるからアメリカでは裁けないと訴状を受け付けなかったが、大西洋の両岸でこの内紛は人々の記憶にしっかり焼きつけられた。グッチのVIP顧客は当惑し不安をおぼえた。ジャクリーン・オナシスは「何事？」とひと言だけの電報を打ってきた。モナコのレニエ大公は一族に電話をかけて、何か力になれることはないかと聞いた。

この話が公になった数日後、グッチ本社のあるスカンディッチに世界中からバイヤーが集まり、秋物コレクションが発表された。その日、パオロからの告訴を新聞各紙がいっせいに書き立てたことを知ったアルドが、怒ってわめく声を従業員たちは聞いた。「あいつがおれを訴えるというんなら、おれもあいつを訴えてやるからな」。アルドはニュースを報せてきた全員に電話でわめきたてた。グッチ・パルファンをグッチオ・グッチに吸収合併させて自分の経営権拡大をはかった弟に対する不快感を押え込み、アルドはデ・ソーレを雇ってパオロの告訴に対処させることを決めた。翌日、〈ウィメンズ・ウェア・デイリー〉紙のインタビューを受けたアルドは、息子との争いを軽くあしらってみせた。「なーに、始末に負えない息子に父親としてちょっと一発お見舞いしただけのことですよ」。会社におけるみずからの家父長的存在を強調するコメントである。アルドはグッチ家としてパオロとの契約を打ち切るといった。だがアルドは、息子が自分の道を歩むためにグッチ家を出ていくことを長年考えていたことには気づいていなかった。パオロは望みをかなえるための強力な武器を手に入れていた。

グッチで働いている間、パオロはひそかに財務関係の資料を集め、手に入れたものを分析していた。会社の内部で起きていることを知りたかったからだが、どういうからくりで経理業務が行われているかについて、自分なりに結論を出していた。何百万ドルにものぼる課税対象の所得を、不正帳簿を利用してオフショア会社に吸い上げさせ脱税をはかっていたことを発見したパオロは、自分の名前を使って商品を売り出す権利を得るための武器として、この不正を利用しようとした。最初、グッチ側の弁護士は訴訟を取り下げさせて書類を封印することに成功した。一九八二年一〇月、グッチから支払われた退職金の一部を訴訟費用にあてたパオロは、不当解雇についての訴えを裏付ける証拠として、ニューヨーク連邦裁判所に問題の書類を提出した。この証拠書類によってアルドが態度を変え、一族のもとに再び自分を迎え入れるか、自分の名前でビジネスを始める権利を与えることを狙ったのだ。

「書類はただ父の支配力を挫《くじ》く意図で提出したんだよ」。パオロはのちにいった。

パオロをめぐる争いは一族を分裂させたばかりでなく、周囲に大きな影響を及ぼした。父親の権威を失墜させたことでパオロを責める人がいた一方で、ぎりぎりまで追いつめられた彼に同情する声もあった。

「パオロは骨抜きにされていたわ」。アルドの次男に特別な親しみを感じていることを隠そうとせず、エンリカ・ピッリは弁護した。「天才じゃなかったとしても、あの人はグッチに最高のものをもたらすはずの人だったのに」

「だまされたといっているけれど、パオロは別に一杯食わされたわけじゃないよ。陰に隠れてこそこそと工作したから、グッチ家では会社をつぶすつもりなのかどうかはっきりさせたかったんだ。あの人のやり方は誠実ではなかった」とデ・ソーレは反論する。

パオロが提出した書類は、グッチの収入隠匿《いんとく》の構造を暴露《ばくろ》した。香港に本社があるパナマの会社がグッチ・ショップスにデザインを供給していることになっていた。グッチの経理を担当しているニューヨークのエドワード・スターンからグッチにあてた一通の手紙が有力な証拠となり、ダミー会社を使った経理のからくりが白日のもとにさらけ出された。「この種の請求書を発行することによってサービスを提供しているという証拠を残し、またこの会社の必要性を裏付けるために、ファッション・デザインやスケッチをこの会社からグッチ・ショップスに送って承認や却下を得ている、という証拠を残しておかねばなりません。これは単に記録を残しておくためだけの書類です」とスターンは書いていた。

一九八三年ロドルフォの健康は悪化していた。一方で、アメリカ国税局と連邦地検がアルド・グッチの個人および会社役員としての脱税容疑について調査を始めた。エドワード・スターンは告訴にいたる前に亡くなったが、捜査官は大陪審に持ち込むに足る充分な証拠を集めることができた。

パオロが一族の会社に対して起こした訴えの中で、裁判まで持ち込まれたのはたった一件だけだ。一九八八年になってはじめて、ニューヨーク地方裁判所のウィリアム・C・コナー裁判長は彼の訴えのひとつを取り上げた。コナー裁判長は一〇年近くに及んだ家族の内紛に公平な解決法を打ち出した。パオロ・グッチが自分の名前を商標またはブランドネームとして使うことを禁じる。グッチの顧客に混乱を招くからだ。一方、グッチ以外の商標を用いるならば、彼が自分のデザインであることを打ち出して製品を販売することは許可した。

「カインとアベルの昔から、家族内で起こる争いは、かかわっているものたちの理性を欠いた衝動的な決断によって引き起こされ、激しい争いに発展して、意味のない破滅を招いてしまうものだ」とコナー裁判長は自分の意見として書いた。

「だが今回の件は、世間的に知名度が高い家族間のちょっとした喧嘩にすぎない」。グッチ家が「家族や会社に多大な負担をかけて、世界中の法廷や調停委員会に数々の訴えを起こしている」ことをコナー裁判長は指摘した。

コナーが出した決断は「パオロ・グッチによるデザイン」とつけて製品を製造販売する権利を公に認めたものとなった。裁判所の判決が出たのち、パオロは自分のビジネスを始めるために熱心に働き、ニューヨークのマディソン街の一等地に三年契約で店舗を借りるところまで事を進めたが、ついに店をオープンするにはいたらなかった。その仕事は足踏みをしているうちに失敗した。パオロは慢性肝炎にかかり、一九九五年一〇月一〇日にロンドンの病院で亡くなった。六四歳だった。葬式はフィレンツェで執《と》り行われ、わずか二カ月前に亡くなった母オルウェンの隣に埋葬された。一九九六年一一月、破産法廷はパオロ・グッチの名前を有するすべての権利を、パオロとの争いに永久に終止符を打ちたいグッチオ・グッチ株式会社が三七〇万ドルで買い取ることを承認した。

しかしパオロの死と、会社が彼の名前の権利を買い取ったことで、グッチ一族の内部を揺るがした争いが終焉《しゅうえん》したわけではなかった。争いの火種は単純に別のところに移行しただけだ。一族から独立したいというパオロの願いから始まった争いは、ちょうど従弟のマウリツィオが台頭していった時期と一致する。今度はマウリツィオ・グッチが一族の内紛の火種となる。

7 勝者と敗者 WINS AND LOSSES

七年間アルドのもとでニューヨークで働いたマウリツィオは、パトリツィアと二人の娘たちとともに一九八二年のはじめにミラノに戻ってきた。ロドルフォは前立腺癌をわずらい、病状は悪化していたが、病気は厳重に秘密にされていた。放射線治療が行き詰まり、仕事を続けることがむずかしくなったロドルフォは、マウリツィオにミラノに戻って会社に新風を吹き込んでほしいと頼んだ。

パトリツィアが予想していたとおりに物事は運んでいる。父親と和解したことで、夫はきっと若きリーダーとして同族会社の主要な地位をしめるようになるにちがいない。彼女には、アルドとロドルフォの経営が続くうちに、グッチはかつての輝きを失っているように思えてならなかった。彼女にとってミラノに帰ったことは、新しい時代の幕開けを意味していた。新しい時代、つまりマウリツィオの時代と彼女は広言していた。

マウリツィオはミラノでの新しい任務に大きな希望を抱いて、ニューヨークから帰ってきた。アルドは彼にたくさんのことを教えてくれ、互いに愛情と信頼に支えられた関係を築いていたが、一方でアルドは息子に対するのと同様、甥を増長させないように気を配っていた。

「ここにおいで、弁護士くん」とアルドはよく甥に対して呼びかけた。まるで子どもを呼ぶときのように手招きして、一族の中でただ一人高等教育を終えたマウリツィオの法律の学位を冗談の種にした。父親の支配的な性格に反発しつづけたアルドの息子たちとちがって、マウリツィオは何を言われても黙っていうことを聞いて伯父のご機嫌をとった。伯父から学ぼうとするならば、その厳しさに耐えて生き延びねばならないとわかっていたからだ。そうすればきっと報われることもわかっていた。

「伯父とうまくやっていこうと思っちゃだめだ。サバイバルなんだ」とマウリツィオはかつていったことがある。「伯父が一〇〇パーセントできるなら、私は一五〇パーセントをやってのけられることを彼に証明して見せなければならない」

そこで彼はじっと耐え、欲しいものを手に入れるためには近道はないと自分にいい聞かせていた。アルドは専制君主のような存在だったが、誰かがそのあとを継がねばならない。

ロドルフォとパトリツィアにお尻を叩かれたマウリツィオは、後継者の一人として名乗りを挙げた。マウリツィオはアルドから、カリスマ性や魅力、高い熱量で周囲を巻き込んでいく手法を学んだ。「伯父は優れたマーケティング能力を持ち、従業員や顧客との関係の築き方には学ぶことが多い。繊細で感受性豊かな父は虚構の世界で演じる俳優だったが、伯父は現実世界を生きていた」とマウリツィオはいう。アルドが彼のメンターだった。

　ミラノに戻った彼は、一九八〇年代のはじめにイタリアのファッション業界には新しい波が押し寄せてきているのを感じた。それまでファッションの中心はローマで開かれるアルタ・モーダとフィレンツェでのジョルジーニの既製服展示会だった。だが当時、タイ&ロシータ・ミッソーニ夫妻、クリツィアを立ち上げたマウリッチャ・マンデッリ、ジョルジオ・アルマーニ、ジャンニ・ベルサーチェ、ジャンフランコ・フェレといった新進気鋭のデザイナーたちがミラノでつぎつぎと脚光を浴びており、ファッションの中心はミラノへと移りつつあった。ローマで一九五九年に高級注文仕立服《オートクチュール》のメゾンを開いたヴァレンティノはミラノを捨ててパリに移り、そこで高級注文仕立服のコレクションを発表し、やがて既製服《プレタポルテ》コレクションも打ち出した。

　ミラノのファッション業界関係者たちは、一年に二回フィレンツェで開かれていた婦人既製服コレクションを無理やりミラノに移し、格式あるサロンにバイヤーを招待してショー形式で見せるのをやめた。ミラノは女性向けファッションの新しい中心地となった。注文服仕立ての職人たちが戦後しだいに減り、空洞化していたイタリア・ファッション業界は、若い新人デザイナーたちの台頭によって埋められた。新人デザイナーたちはみな北イタリアの中規模服飾メーカーで一つのブランドを立ち上げ、新しい創造的なデザインを打ち出すという形でキャリアをスタートさせた。アルマーニもベルサーチェもジャンフランコ・フェレも、小さなアパレルのブランド・デザイナーの出身である。流行を作り出すデザインの需要が高まるにつれて、デザイナーたちは自分の名前で会社を興す資本を集められるようになった。最初は小規模でスタートした若いデザイナーたちだが、やがて会社は業績を伸ばし、ミラノのファッショナブルな通りにアトリエをかまえるようになった。

アルマーニとベルサーチェはミラノ・ファッションを背負って立つ両巨頭となった。ベルサーチェは派手でけばけばしくグラマラスなスタイル、一方アルマーニはクールで控えめでエレガントなスタイルで、二人は対照的だった。ベルサーチェはミラノとコモ湖畔に、かつて貴族の屋敷だった荘厳な邸宅を購入し、彼が追求している華美なバロックスタイルで内装し、邸内を高価な芸術作品で埋めた。アルマーニは「ベージュの王様」と呼ばれるとおり落ち着いた控えめのスタイルを好み、ミラノ郊外のロンバルディア地方の田園とシチリア島近くのパンテッレリアの島に別荘を買い、内装は最小限のものしか置かないシンプルなスタイルで統一した。

イタリアのファッション界は新しいエネルギーが注入され、活性化した。最先端の感覚を売り物にする写真家やトップモデルや華やかな広告キャンペーンに後押しされ、あらたにつぎこまれた資金によってデザイナーの名前は大きな力を持つようになった。フェンディやトラッサルディなどの家族経営のアクセサリー・メーカーは、新しい事業形態を採用してイメージを一新し、古くさいブランドと世間が見るようになっていたグッチから市場のシェアを奪い取ろうとしていた。プラダは創設者のマリオ・プラダから、孫娘であるミウッチャ・プラダが一九七八年に経営を引き継いだが、そのころはまだ活気のない鞄屋に過ぎなかった。

この競争に生き残るために、グッチは新しい方向性を見出さなくてはならないとマウリツィオはわかっていた。グッチはまだスタイリッシュな高級ブランドのシンボル的存在ではあるが、六〇、七〇年代に持っていた輝かしい魅力は失せていた。ミラノにおける彼の使命は、アクセサリーで勝ち得た名声を既製服の分野でも獲得したい、というアルドの長年の夢を実現することだ。デザイナー・ブランドの服を熱心に買い漁っていたパトリツィアは、グッチのアパレル部門を担う大物デザイナーを雇うべきだとマウリツィオにいい続けていた。

「グッチにとって既製服分野への本格的進出は大きな賭けでした」と一九七〇年代にパオロとともにグッチの最初のアパレル製品を売り出すのに貢献したアルベルタ・バッレリーニはいう。彼女はのちのちまで既製服の生産マネージャーとして働いた。パオロのスポーツウェア・コレクションは成功したが、グッチのビジネス全体から見れば微々たる売上しかあげておらず、一製品分野でしかなかった。

一九七〇年代後半のある日、パオロがスタッフをスカンディッチ工場のデザイン・スタジオに集めた。

「従弟のマウリツィオがとち狂ったことをいい出したんだ。外部のデザイナーを雇ったらどうかというんだよ」。彼はいった。

「そう、でも必ずしもとち狂っているとはいえないんじゃないの?」。バッレリーニは勢い込んでいった。

「アルマーニとかいうやつのことをしつこく推薦しているみたいなんだな」。パオロが続けた。「誰だよ、そいつは?」。誰もその名前を聞いたことがなさそうだと知ったパオロはいった。「そんなやつは必要ないね」

パオロは数シーズンにわたってコレクションのデザインを担当し、マノーロ・ヴェルデというキューバ出身の若手デザイナーを一シーズンだけ起用したことがあるが、グッチ一族との関係が悪化してパオロ自身が一九七八年にフィレンツェを去ってニューヨークに渡ってしまったので、一九八二年までグッチにはアパレルの指揮を取る人間が誰もいないままになっていた。イタリア人デザイナーの人気が高まる一方だというのに、グッチの既製服部門にはデザイナーが不在だった。数シーズンにわたって、一族はバッレリーニと内部スタッフだけでコレクションを作っていたが、助けが必要なことに気づいていた。

マウリツィオはグッチのイメージを活性化するために、名のあるデザイナーが必要であるという提案を浮上させた。アルマーニの仕事を知っていた彼は、アルマーニこそグッチにぴったりで、カジュアルでエレガントなスポーツウェアをデザインしてくれると考えた。しかしそのときまでにアルマーニは急速に発展した自社の仕事にかかりきりになっていた。そこでグッチはおおっぴらに外部デザイナーを探し始めた。

既製服という新しい分野に乗り出すにあたって、マウリツィオは一線を引く必要があった。移り変わりの激しいファッション市場にグッチの名前を打ち立てる。だがデザイナーの名前によってグッチのブランド名がかすむようなことは避けねばならないし、古くからの顧客のグッチ離れは防がなくてはならない。トレンドセッターとしては認められたいが、一流高級ブランドとしてのアイデンティティを失ってはならない。

一九八二年六月、グッチはイタリア中部エミーリア・ロマーニャ地方出身のルチアーノ

・ソプラーニをデザイナーとして起用した。ソプラーニは色数を抑え、透け感のある薄手素材の扱いを得意とする既製服デザイナーとして名が知られていた。マウリツィオはその秋、ミラノで最初のコレクションを発表する準備を整えた。すでにファッションの中心ではなくなっていると見たフィレンツェではなく、ミラノのファッション・ウィークでグッチの存在を確立したかった。

アフリカをテーマにしたソプラーニのコレクションは、一九八二年一〇月の終わりにミラノで開かれた。オランダから輸入された二五〇〇本のダリアで彩られた舞台で、活人画のようにモデルがポーズをとった。コレクションはすぐさま商業的に成功をおさめた。

「最初のコレクションを私は忘れられません」とアルベルタ・バッレリーニはいう。「ショールームはひと晩中開いていました。足をむくませて疲れきったバイヤーたちがつぎつぎと訪れて、私たちは商談に追われました。誰もが買いすぎるほど買ってくれたわ。信じられないくらいの受注量でした。それが栄光の日々の始まりでした」

イタリアのマスコミは、グッチの新しい方向性が時代にぴたりと照準が合っていると賞賛した。「フィレンツェに本拠を置いていたグッチは、ミラノに工房を設け、危機を乗り越えて新しいアイデアと起業家的戦略で巻き返しをはかろうとしている」。〈ラ・レプッブリカ〉紙のシルヴィア・ジャコミーニは書いた。「グッチもミラノ・ファッションのスターシステムに加わることを決意し、この街の資源を利用することだろう」

「グッチは思い切ったイメージ刷新をはかろうとしている」と〈インターナショナル・ヘラルド・トリビューン〉のヘーブ・ドーシーはコレクションを見た感想を書いた。本来ならぜったいにその場にいたにちがいないアルドは、めずらしく風邪を引いてローマに残り、かわってマウリツィオが社の新しい方向性を一流ファッション・ジャーナリストたちに語った。

「グッチは流行を追いかけるのではなく、仕掛ける側に立ちたいのです」。マウリツィオは語った。「われわれはファッション・デザイナーではありませんし、流行を作りたいとも思っていませんが、いまファッションは顧客が求めるものをよりすばやくとらえるために欠かせない要素ですから」

マウリツィオはまた、ファッション・ブランド設立のような華やかさからほど遠いが、グッチの変革のためには欠かせないもうひとつの重要な仕事に着手した。何千とある品目を見直し、整理して数を減らしていく仕事である。

「社で開発、生産されているおびただしい製品アイテムを、総合的に統括管理する必要があると決まりました」。長年グッチで働き、二〇〇〇年代もハンドバッグを担当していたリタ・チミーノはいった。当時、家族の一人ひとりがばらばらに製品を開発、生産していて、全体を管理して調整をはかろうとする動きはなかった。ロドルフォのグループは独自の素材供給者とスタッフを抱えてやりたいようにやっていたし、ジョルジョはアルドとともにそれぞれ自分のグループを持ち、グッチ・アクセサリーズ・コレクションのロベルトも同様だった。その結果、製品に統一性がなく、同じようなものが出てくることも多く、まったくちがうスタイルの製品が同じグッチの名前で市場に出てしまうこともあった。アルドが当初考えていた、調和のとれたスタイリッシュな製品群とはとても呼べない状態だった。チミーノはいう。「私はマウリツィオと一緒に全製品カタログをつぶさに検討し、秩序ある商品構成にする作業を進めました。高級ブランドとしてグッチにどんな商品が必要か、彼には明確な考えがありましたね」

マウリツィオの仕事ぶりが評価されるのにさして時間はかからなかった。一九八二年一二月、ミラノの月刊経済誌である〈カピタル〉がマウリツィオの特集を組んで、ファッション帝国の若き後継者と持ち上げた。

「マウリツィオの時代がいよいよ到来したわ」。パトリツィアは夫に、そして耳を傾けてくれるすべての人に繰り返しいった。彼の背中を叩いて励まし、背後で彼にアドバイスする役割を担った。ミラノの業界でマウリツィオが有名になる前から、パトリツィアは有名人の妻として振る舞い、バレンティノやシャネルのスーツを着て、運転手付きの車で街のあちこちに出かけた。社交欄には「モンテ・ナポレオーネのジョーン・コリンズ」と書かれた。シャイで控えめで人前に立つと臆してしまうマウリツィオに代わって、パトリツィアが公の場に出た。「夫は弱い人だけど私は弱くない。私は社交的だけれど夫は社交が嫌い。私は出かけるのが好きだけれど夫はいつも家にいる。私はマウリツィオ・グッチの代理人なのよ。あの人は子どもみたいで、グッチという服を着せてあげなくちゃならなかった」とパトリツィアはいった。自分もグッチにかかわりたい一心で、ついには夫にせがんで、自分がデザインしたゴールドのジュエリーを商品化して店に置かせたことさえある。数百万リラもするその高額ジュエリーを店では持て余し、こっそりディスプレイから外した。だが「マウリツィオをグッチの社長にする」という思いで突き進むパトリツィアは、周囲の失笑程度ではめげなかった。

一九八三年四月の終わり、現在もグッチの店があるモンテ・ナポレオーネ通りに新しいブティックがオープンした。グッチ店の向かいにオープンしたこの新しい店では、ルチアーノ・ソプラーニのコレクションが大々的に販売された。市の交通局を説得し、ブティックのオープンの日には、数多くの高級ファッション・ブランドの店が立ち並ぶ目抜き通りは車両通行禁止になった。舗道にテーブルと椅子と花々の鉢が所狭しと並べられた。この通りと交差しているバグッティーノ通りも歩行者天国となり、にわかごしらえのレストランが出店した。通りはシャンパン・グラスを持った招待客と、白手袋で牡蠣《かき》とキャビアを給仕してまわるウェイターたちであふれた。その日、客に挨拶をしてまわったのはマウリツィオだ。ロドルフォはミラノで最高とされる病院に数週間前から入院していた。

ロドルフォはオープン前に看護師に付き添われて新しいブティックを見学していた。広いフロアをマウリツィオの家庭教師だったトゥッリアと忠実な運転手のルイージに支えられながら震える足取りで歩き、装飾を褒め、従業員の一人ひとりを名前で呼んで挨拶した。「やせ細ってしまったために服がぶかぶかでした」とロドルフォの秘書だったロベルタ・カッソルはいう。

マウリツィオは誰も父の見舞いに行かないよう厳しく命じていた。自分とアメリカの弁護士、デ・ソーレと顧問のジャン・ヴィットリオ・ピローネしか面会を許さなかった。ミラノにある家族経営の老舗会社の経理業務を何社も引き受けていたピローネをマウリツィオは信頼しており、決断を下さねばならないことは何かと彼に相談して頻繁に会っていた。父が瀕死《ひんし》の床についていることをマウリツィオが必死に隠そうとしている一方で、ロドルフォは一人ぼっちにされて当惑していた。イタリア人の従業員では、ロベルタ・カッソルとフランチェスコ・ジッタルディしか病室を訪れなかった。

死を目前にしながらも、ロドルフォは身なりを整えることを怠らなかった。病院内ではシルクのガウンを着てスカーフを巻いた姿で通した。弁護士や会計士たちは事務的な打ち合わせをしようとしたが、ロドルフォは落ち着かない様子だった。彼は繰り返し兄のアルドに会いたいと訴えた。だが、ブティックの開店に合わせてアメリカから帰ってきていたアルドは、弟に会わないで帰ってしまった。五月七日、ロドルフォは昏睡《こんすい》状態に陥った。マウリツィオとパトリツィアが駆け付けたが、もはや息子たちの顔もわからなかった。翌日アルドがやってくると、ロドルフォはしきりに兄の名前を呼んでいた。

「アルド、アルド、どこにいるんだ？」

「ここにいるよ、フォッフォ！　私はここだ」。アルドは叫んで弟に顔を近づけた。「なんだ、いってくれ。何をしてほしい。どうしたら楽になる？」

ロドルフォは答えられなかった。一九八三年五月一四日、ロドルフォは七一歳で亡くなった。サン・バビーラ教会で行われた葬儀には、大勢の弔問客《ちょうもん》が訪れた。ロドルフォはフィレンツェの一族の墓地に埋葬された。

一つの時代が終わった。そして新しい時代が幕を開けた。

8　マウリツィオ指揮権を握る
MAURIZIO TAKES CHARGE

三五歳のマウリツィオにとって、父親の死はショックではあったが同時に解放ともなった。父親は息子だけにほとんど異常ともいえる愛情を注ぎ、息子のすべてを支配しようとし、独裁者のように厳しく接した。最後まで二人の間は堅苦しくぎごちなかった。マウリツィオは父親と向かい合うことが苦手で、面と向かって頼みごとができなかった。三〇代になっても、小遣いが必要になると運転手のルイージ・ピロヴァーノや秘書のロベルタ・カッソルにねだりにいったくらいだ。

「いつもいってたんですがね、ロドルフォは息子に城を建ててやったけれど、それを維持していくためのお金を渡さなかったんです」とカッソルはいう。「恐ろしくて父親にはねだれないので、マウリツィオはいつもこの私にお金をくれといってきたんですよ」

成人してからも、父が部屋に入ってきたとたんマウリツィオは飛び上がって直立不動の姿勢となった。唯一ロドルフォに反抗したのがパトリツィアとの結婚で、父は彼女をしぶしぶながら受け入れた。嫁とは最後まで距離を置いていたが、両者は友好関係にあった。ロドルフォが見るところ、彼女は息子を愛しており、幸せな家庭を築いて、二人の娘、アレッサンドラとアレグラを育てている。

マウリツィオは数億ドル相当の遺産を相続した。サンモリッツの別荘、ミラノとニューヨークの豪華マンション、スイスの銀行口座には二〇〇〇万ドルの預金、そしてグッチ帝国の五〇パーセントの持ち分で、これは大きな利益を生み続けている。動産不動産を含め三五〇〇億リラ（当時の為替レートで二億三〇〇〇万ドル）以上の資産を残す一方で、ロドルフォはマウリツィオに一九三〇年代から伝わるグッチの商標が入ったクロコダイル革の財布を一つ贈った。マウリツィオにとっては祖父にあたるグッチオがロドルフォに贈った、薄手の黒い財布である。中にはグッチオがサヴォイ・ホテルで働いていたころの思い出として、英国の古いシリング硬貨が一枚入っていた。財布の紐を握るのはいよいよおまえだ、という気持ちをこめた贈り物だ。

財布の紐を握ることは、決定権を持つことを意味する。だが息子には経験が不足していた。それまで何もかもロドルフォが息子のためにお膳立てをして、一から十まで決めてきた。それ以上に父を不安がらせたのは、マウリツィオが父の時代よりもむずかしい決定を迫られることが目に見えていたからだ。たしかにニューヨークで伯父のアルドは教育してくれたが、伯父が成功したときとは時代がちがう。マウリツィオの時代はより複雑だ。高級品ビジネスの競争は厳しくなっているし、グッチ家内部の抗争も熾烈《しれつ》だ。

「ロドルフォが犯した大きなまちがいは、マウリツィオをもっと早くから信頼してやらなかったことだ」。マウリツィオの助言者であるジャン・ヴィットリオ・ピローネは、亡くなる少し前の一九九九年五月ミラノでインタビューに答えていった。「財布をがっちり自分で握って、マウリツィオに自立するチャンスを与えなかった」

ロドルフォが亡くなった当初、アルドはマウリツィオを注意深く見張っていた。パオロとの争いでも揺るがなかった会社の体制だが、弟の死によって動揺を免れないと懸念していたからだ。兄弟はいくつかの原則によって会社を分け合ってきた。一つ、一族以外のものに会社の指揮権を渡さず、会社の規模を大きくするかどうかは一族だけが決定できる。二つ、はっきりと境界を設けて会社を分割する――アルドはグッチ・アメリカと小売店網の支配権を、ロドルフォはグッチオ・グッチとイタリアでの生産を担当する。権力の分割はこれまでうまくいっていた。だがロドルフォが死んだとき、グッチはすでに一族の手に余るほどの売上を生み出す企業になっていた。世界中の主要都市に直営店を二〇店舗所有し、日本とアメリカにフランチャイズ店が二五店舗、利益率の高い免税店ビジネス、そして成功しているGAC卸売業。パオロとの争いはおさまり、アルドは一族の長として充実感をおぼえていた。

「私はエンジンで、グッチ一族は列車なんだよ」。のちに彼は満足げに語った。「列車なしにエンジンだけあっても役に立たないし、エンジンなしでは列車は動かない」

アルドは弟の死後もグッチ家の事業がこれまでどおり繁栄していくことを願っていた。だが彼には三つの誤算があった。同族企業の枠を超えて、これまで以上にグッチを大きくしたいというマウリツィオの野心。自分の名前でビジネスを始めるというパオロの強い決意。そしてアメリカ国税局からかけられた脱税容疑である。アルドが築いてきたグッチの体制は崩壊を招きかねない兆しが生じていた。

ロドルフォは亡くなる前、グッチの持ち株の五〇パーセントはマウリツィオが相続するのはまちがいないと公言していた。スタッフにも友人にも一族にも、マウリツィオがすべてを相続するが、「自分の死後ただちにではない」と繰り返しいっていた。自分の権力をあまりに早く譲渡しすぎると、パオロのような反乱分子を生みかねないと不安だったからだ。アルドの前例を見て、息子たちがまだ未熟なのに会社の支配権を渡してしまうと会社の体制を揺るがしかねないとわかり、自分はけっして同じ轍を踏まないと心に決めていた。

ロドルフォの遺言状は死後すぐに見つからなかったが、ただ一人の子どもであるマウリツィオに遺産の相続権があることはイタリアの民法からも明らかだ。数年後、相続をめぐる騒動が起こり、財務警察は強制捜査して会社の金庫から遺言状を見つけた。金庫の鍵が見つからなかったので、バーナーで扉を焼いてやっと取り出した。ロドルフォは遺言を自ら手書きの飾り文字でしたためていた。遺言状は期待していたとおり、「たった一人の愛する息子」にすべてを譲ると書いてあった。また自分に忠実に仕えてくれたスタッフたち、とくにトゥッリア、フランコとルイージにも財産を分けるとあった。

ロドルフォの死後最初に開かれた役員会議で、マウリツィオ、アルド、ジョルジョ、ロベルトはぎごちない表情でお互いを探り合った。マウリツィオが短く、これからも皆と力を合わせてグッチの未来のために働きたいとスピーチをしたが、誰もそれを本気だとは受け取らなかった。

「弁護士くん」とアルドがいった。「あまりやりすぎないようにな。勉強する時間も必要だよ」

マウリツィオが五〇パーセントの株式を相続したのはなんら驚くことではなかったが、ロドルフォが生前すでに株を息子の名義に書き換えていた、とマウリツィオから株券を見せられたときには仰天した。生前贈与によって相続税が一三〇億リラ（八五〇〇万ドル）節税できたことになる。株券のサインは偽造ではないかと彼らはこの時点で疑った。

マウリツィオは役員会議で自分が支持されないことにいらだち、ローマまでアルドに会いにいった。グッチを近代化する計画にアルドの賛同を得て、後押ししてもらいたかったからだ。ローマではアルドのアシスタントが、そのときアルドがなだめるように首を振りながらマウリツィオを部屋の外に押し出したことを覚えている。

「マウリツィオ、おまえはたしかに賢いけれど、金の使い方をさっぱりわかってないね」。アルドがそういったのをアシスタントは聞いた。

マウリツィオは一族の抵抗にひるむことなく、国際的視野を持つ経営のプロを招き入れて、グッチを世界的な高級品製造販売会社にする計画を練った。デザイン、生産から流通にいたるまでの流れを効率化し、マーケティング技術を向上させる。模範はフランスの家族経営企業であるエルメスで、家族経営のよさを失わず最高級の商品を生産販売している点に注目した。マウリツィオは、グッチがエルメスやルイ・ヴィトンと肩を並べる最高級ブランドになることを望んでいた。イタリア生まれのフランス人デザイナー、ピエール・カルダンのようにライセンス事業を発展させ、化粧品やチョコレートから日用雑貨にまで、デザイナーのサインをつけて売るブランドになることだけは避けなければならない。

マウリツィオがグッチのために練ったこのコンセプトはよかった。問題はどうやってそれを実現するかだ。社内の従業員は一族それぞれについて派閥ができ、派閥同士で反目しあっていて、誰もがグッチのためによかれと思う仕事をする権利を守ろうとしている。マウリツィオはグッチの最大の株主ではあったが、自由に活動できるわけではなかった。役員会議ではグッチオ・グッチの四〇パーセントの株を握っているアルドと、それぞれ三・三パーセントずつ所有している三人の息子たちが彼に対抗している。彼らの同意を得ないかぎりマウリツィオは身動きがとれなかったが、彼らは彼の考えに賛同する気などない。グッチはこれまで生き延びて栄光を築いたのだし、自分たちの贅沢な暮らしを支えてくれるのに充分な利益を生み出している。だから何一つ変える必要はない、と彼らは見ていた。

それでもマウリツィオはできるかぎり自分の計画を推し進めた。スタッフを入れ替えるためにロベルタ・カッソルの力を借りた。グローバルな高級品ビジネス企業に脱皮する会社の方針に役立たないと思えても、勤続年数の長い従業員たちに解雇をいい渡す勇気がない彼は、カッソルに代理を頼んだ。

「父親に面と向かって何かいいたくてもその勇気がなかったときと同じように、彼は私にいってきました。『ロベルタ、この人たちに退いてもらうときが来たよ』。あの人は気が弱くて臆病な人でした」。カッソルはいった。一九

ときを同じくして、グッチ・アメリカにおけるアルドの地位が危うくなっていた。一九

八三年九月、パオロが裁判所に提出した書類をもとに、国税局がアルド個人とグッチ・ショップスの財務を調査し始めた。一九八四年五月一四日、司法省はアメリカ検察局に大陪審に向けての調査を許可した。商売に関してはすばらしく頭が回るアルドだったが、一九七六年にアメリカの市民権を得ていたにもかかわらず、税金の支払いについてアメリカ的考え方をさっぱり理解していなかった。イタリアでは国民は一般的に政府に対して不信感しか抱いていないので、税金を払うのは腐敗した政治家に金をただでくれてやるに等しいと考えていた。一方、人生で確かなものは死と税金だと考えられているアメリカでは、こういうイタリア的考え方はまったく通用せず、とくに一九八〇年代には脱税など許されない風潮だった。今日、イタリア政府は脱税がはびこるのをなんとか防ごうと努力を続けているが、当時は一銭でも多く税金をごまかせるほど賢い人だと賞賛された。脱税は自慢話だ。デ・ソーレはイタリア人ではあっても考え方はアメリカ人で、しかも税法のスペシャリストだ。当然ながら彼はアルドに深刻な事態をわからせようと躍起になった。

「ミラノでグッチ一族相手に熱弁をふるいましたよ。税金の問題は会社の最重要事項だと説明しました」とデ・ソーレはいう。

「バカも休み休みいいたまえ。アルドは偉大な人物なんだよ。社会にこれだけ貢献したんだから、脱税程度でとやかくいわれる筋合いはない」。グッチ一族は口をそろえていった。

「みなさんはわかっていらっしゃらない、と私はいったんです。『アメリカで起きた問題なんですよ。ヨーロッパじゃない。これは大々的な詐欺《さぎ》です。アルド・グッチは刑務所送りになってしまいます』」

誰もデ・ソーレのいうことをまじめに受けとめず、「グッチの導師《グル》」はこの問題をあっさりと片づけた。「きみはいつも物事を悪いほうにばかり考えすぎるよ」。アルドは目下の者を憐《あわ》れむ口調で、ロドルフォの死後も会社に尽くしているデ・ソーレを偉そうになだめた。

「アルドは独裁的専制君主だからね、その問題を話し合おうとさえしなかった」。ピローネはのちにいった。

まもなくデ・ソーレは、アルドがグッチ・アメリカの収益をオフショアの個人所有の会社に不法に送金しているだけでなく、会社の小切手を何百何千ドルと現金化して個人的に流用していることを知った。

「アルドは王様の暮らしをしていましたが、企業としても個人レベルでも大がかりな不正を行なっていました」。デ・ソーレはいう。「そんなことをしていたら、彼個人だけでなく、会社も破滅してしまいます」

はじめはマウリツィオにもアルドが直面している事の重大さを理解させるのに苦労した、

とデ・ソーレは打ち明ける。「わかっていないよ」。デ・ソーレはマウリツィオにいった。「アルドが刑務所に入ると、もう会社を経営していくことは不可能なんだ。手を打たなくちゃならない」

マウリツィオはやっと納得した。アルドの脱税問題は、新しいグッチを作りたいというマウリツィオの目標にとっては都合がよかった。ピローネとデ・ソーレの知恵を借りて、彼は役員会議の乗っ取りを計画した。権力を得るための唯一の方法は、従兄の一人と同盟を組むしかない。だが誰と組めばいい？　ジョルジョはおとなしすぎるし古い考え方にしがみつくタイプで、何よりもアルドに忠実だ。事を荒立てることはぜったいにしないだろう。ロベルトはもっと保守的で、六人の子どもたちの将来を守ることしか頭にない。二人ともグッチの現状に満足してしまっている。マウリツィオにとって唯一可能性がある人物は、一族のはみだしもので、二年前の役員会議での事件以来ひと言も口をきいていないパオロだ。マウリツィオはパオロが実利的な考え方をする人間で、いま経済的に困窮していると知っていた。グッチから受け取った退職金にも手をつけていた。そこで一つ提案してみようとニューヨークのパオロに電話をかけた。

「パオロ、マウリツィオだ。話がある。きみと私の両方の問題を解決する提案をしたいんだ」。二人は一九八四年六月一八日の朝、ジュネーブで会う約束をした。

パオロとマウリツィオはほぼ同時にホテル・リッチモンドに到着した。レマン湖を見晴らすテラスで、マウリツィオはパオロに、グッチのブランド名を冠するすべてのライセンス事業を管理する新会社グッチ・ライセンシング・サーヴィスを設立し、税金対策で本社をアムステルダムに置くという話を切り出した。マウリツィオがその会社の株の五一パーセント、パオロが四九パーセントを所有し、パオロが社長に就任する。そのかわりパオロが持っているグッチオ・グッチ三・三パーセント分の議決権を自分の五〇パーセントと合わせて過半数にしたい。パオロの株をあとで二〇〇〇万ドルで買い取る。そしてパオロとマウリツィオは係争中の訴訟を取り下げる。最終的に従兄弟《いとこ》二人は握手をして、互いの弁護士に必要な書類を準備させることを約束した。

一カ月後、パオロが株券を預けているクレディ・スイスのルガーノ支社で二人は契約に署名し、マウリツィオは約束どおり前金の二〇〇万ドルを支払った。マウリツィオはグッチ・ライセンシングが創設されたときに、五一パーセントの株を取得して経営権を握り、残金を上乗せして二〇〇〇万ドル、計二二〇〇万ドルを払った。こうしてマウリツィオはパオロの議決権を手に入れたことで、グッチ社の実質的な支配権を獲得した。

グッチ・アメリカの役員は毎年九月はじめにニューヨークで会議を開く。その年、ほんの二、三しか議題はあげられていなかった。一九八四年上半期の業績と、新店舗計画、そして新人事の案件がいくつか。

数週間後ニューヨークで、思っていたよりもずっと楽に事は運んだ。会議は五番街の店のあるビルの一四階で開かれた。会議に先立って、デ・ソーレは自分がマウリツィオの代理人として議決権を委託されていることを表明した。すぐにパオロの代理人も同様に委託されたことを申し立てた。アルドは一三階の自分のオフィスにいて、これまでと変わらず会議に出席せず、自分の代わりに重役のロバート・ベリーを出席させていた。

創業者のグッチオ・グッチがしかめ面で葉巻をふかしている油絵の肖像画が壁にかかっている会議室にしてくれ、とデ・ソーレは頼んでおいた。

「議題に役員会の解散動議を挙げることを要求します」。デ・ソーレが事務的にいった。

ベリーは大きく目を見開き、口をあんぐりと開けた。

数秒おいて、パオロの代理人が動議を支持した。

「わ、わ、私は会議の一時休止を要求します」。ベリーはどもりながらそれだけいうと、会議室を飛び出してアルドのオフィスに駆け付けた。

アルドは電話でパームビーチの誰かと楽しそうにおしゃべりをしている最中だった。

「グッチ先生、たいへんです。すぐに上階にいらしてください」。あえぎながらベリーはいった。「反乱が起きています」

アルドは黙ってベリーの報告を聞いた。

「そういうことなら、上に行ってもしかたないな。われわれができることは何もない」。アルドはそっけなくいった。若いマウリツィオを見くびっていた。いつかとんでもないまちがいをやらかすのではないかと恐れていたとおりになった。

ベリーは会議室に戻り、アルドの弁護士で、ニューヨークで有名な法律事務所を経営しているミルトン・グールドが、その日ユダヤ教の祝祭日で出席できないから会議をいったん中止して日を改めたいと、むなしく抵抗を試みた。だがデ・ソーレとパオロの代理人は役員会の解散に投票し、マウリツィオ・グッチをグッチ・ショップスの新しい代表に選出した。

アルドはその日がっくりと肩を落としてオフィスを出た。かつて自分の後継者と思ったこともあった甥が、クーデターを起こして自分を引きずり下ろした。マウリツィオはいまや敵だ。すぐにジョルジョとロベルトと会ったが、残念ながら何もできないことがわかっただけだった。パオロと手を組んだマウリツィオは、うまく会社の経営権を手に入れた。フィレンツェで開かれたグッチオ・グッチの役員会議でも同様のことが進められた。

グッチ家はこの決定に合意し、一九八四年一〇月三〇日にニューヨークで全員が署名し、フィレンツェで一一月二九日に開かれた株主総会で承認された。マウリツィオが七人で構成される役員会議のメンバーのうち四人の支持を得て、グッチオ・グッチの代表に任命された。アルドは名誉会長となり、ジョルジョとロベルトは副社長に任命された。ジョルジョはローマの店の経営をこれまでどおり続け、ロベルトもまたフィレンツェで総務の仕事を引き続き担当することになる。

手に入れたかったものをすべて獲得したマウリッツィオは有頂天になった。アルドは肩書きこそ立派だが、実質的には骨抜きにされた。従兄たちは会社でこれまでどおりの役割を果たしていくが、支配権はマウリッツィオにある。それ以上にパオロの持ち分を利用して、会社を安定させようとした。家族争議をおもしろおかしく書き立てていたマスコミは、彼を英雄に祭り上げた。〈ニューヨーク・タイムズ〉紙は「一族の和平仲裁者」とマウリッツィオを持ち上げ、ゴシップ欄をにぎわせていた一族の争いの中で、一人平静さを失わなかったと書いた。

その年の一二月、〈ウォールストリート・ジャーナル〉紙はアルド・グッチが横領罪に問われていることをすっぱ抜き、一九七八年九月から八一年末まで会社の収益から四五〇〇万ドルを不正に流用していた容疑で連邦大陪審が調査中であると書いた。記事はアルドが年収を一〇万ドルと申告しており、「その地位を考えると非常に低い金額」だという点に注目した。

イタリアのマスコミもこのニュースを取り上げた。グッチはアメリカで頂点を極めたが、この事件をきっかけに衰退していくだろうという論調だった。「グッチの名前はスタイルと気品の代名詞だったが、いまでは犯罪を意味するようになっている」とイタリアの週刊誌〈パノラマ〉は一九八五年一月号で書いた。

マウリツィオはデ・ソーレに絶対的信頼を置いており、グッチのアメリカでのビジネスを展開していく上で新業務を監督する最高責任者になってほしいと頼んだ。無秩序状態の財務を整理し、脱税の申し立てに対処して経営の専門家を雇うという仕事だ。デ・ソーレがその仕事に着手する前、グッチ・ショップスの前社長はマリー・サヴァランという女性がつとめていた。サヴァランは会計士で、長年にわたってアルドの忠実なアシスタントだった。たぶんアルドが心底信頼した女性は彼女一人で、自分の代わりに署名をする権限さえも与えていたくらいだ。

デ・ソーレはワシントンDCに事務所と家庭は置いておきたいので、パートタイムでの仕事でいいならば、という条件でマウリツィオの依頼を受けた。デ・ソーレは一週間に一回ニューヨークに出張した。新しい財務担当の役員としてアート・レシンを雇い、経理を整理させた。

「愕然としましたね！」とデ・ソーレは当時を思い出す。「めちゃくちゃでした。在庫目録はない、経理の決まった手続きもない。いったいどうなっているのか理解するまでに何カ月もかかりました。アルドは直感で商売していたんです。たしかに彼は商売に関しては天才的でしたが、思いつきだけで会社を経営していたんですよ」

一九八六年、デ・ソーレは経理を整理する業務の一環として、グッチのアメリカでの事業をグッチ・アメリカという新しい名前のもとで行うと決めた。一九八八年一月、グッチ・アメリカは一九七二年から八二年にかけて、グッチ一族の不正流用金にかかってくる税の追徴金と罰金二一〇〇万ドルを内国歳入庁に支払った。引き換えにデ・ソーレは、その期間におけるすべての債務を免除する約束を財務当局から取りつけた。内国歳入庁への支払いのために、会社は借金を負わねばならなかった。だがデ・ソーレは、グッチの経営を整理すると同時に拡大もするという両方をやってのけた。グッチの独立したフランチャイズ六社を買い戻し、グッチがアメリカ国内に所有していた店を二〇店までに絞り込み、マリア・マネッティ・ファロウからGACの卸小売業務を取り戻した。ファロウとの間には泥沼の訴訟が起きたが、一連の整理のおかげで即座に収益は増加した。また彼は、R・J・レイノルズ・タバコ・コーポレーションにグッチが貸与していたタバコのライセンス契約を打ち切った。グッチとタバコが結びついてしまうことは、将来アメリカでブランド展開するにあたって命取りになるというのが理由だ。このライセンスはのちにイヴ・サンローランが買い取った。一族間の争いが続いていたにもかかわらず、一九八九年、グッチ・アメリカは年間売上高を一億四五〇〇万ドルに上げ、二〇〇〇万ドルの収益を記録した。ロドルフォが予言したように、マウリツィオは変わった。デ・ソーレとピローネの意見を重用し、パトリツィアの意見をうるさがるだけになった。若いときには、パトリツィアが支えていてくれるから父親に向かい合う力がわいてくると思っていた。だが自分が権力を握ってみると、ある意味で妻が父親の役割を引き継いでしまったと感じた。何をすべきか、どんな風にいつするのかを事細かに指示したがり、彼の下した決断や助言者たちを批判した。家族経営企業の支配権を握ったというのに、自分の家庭では息苦しさをおぼえた。

パトリツィアはそのころやっと、「マウリツィオは権力と富を握ると人間が変わってしまうから気をつけるように」という舅の警告に思い当たった。舅がいったとおりだ。夫はグッチにかける自分の夢を強迫的に追い求め、ほかのすべてを切り捨ててしまっている。家庭をも捨てようとしている。妻の私の意見や忠告に耳を貸そうとしない。夫婦の間にすきま風が吹き始めていた。

「あの人は妻からひたすら『すごいわ、あなた』といってもらいたがっていたのに、彼女の口をついて出てくるのは批判ばかりでした」とロドルフォのもとで長年働いたロベルタ・カッソルはいった。「奥さんは困った人になっていました」

デ・ソーレはいう。「パトリツィアはマウリツィオを疲弊させていた。グッチのイベントにやってくると、『私に最初にシャンパン持ってこないなんて、バカにしないでよ』と騒いだりした」。ピローネも、パトリツィアが厄介だったとデ・ソーレに同意する。「野心満々で、自分を役職につけろといいんだ。女房は引っ込んでろといったら、以来私は憎まれ者になった」と苦々しげに思い出す。パトリツィアに代わって、デ・ソーレとピローネがマウリツィオがもっとも信頼する助言者となり、そのため彼女は二人に激しい恨みを抱いた。野心に駆り立てられていた彼女は、弱い夫を背後から支える強い女だと思っていたのに、ある日突然、自分が舞台から引きずり下ろされたことを知った。

「マウリツィオは情緒不安定になり……傲慢で不愉快な人になってしまった」とパトリツィアは当時を思い出していう。「昼食のときに自宅に帰るのをやめ、週末も彼がいう『天才的』助言者たちと出かけたわ。太って、服装もだらしなくなって……得体《えたい》の知れない人たちといつも一緒だった。ピローネがその筆頭よ。彼は少しずつ私のマウリツィオを変えてしまった。マウリツィオは私とは口をきかなくなり、突き放したようないい方しかしなくなった。夫婦の会話はなくなって、関係は冷ややかになってしまったの」

一九八五年五月二二日水曜日、マウリツィオはミラノの自宅の衣装簞笥《だんす》を開けて、小さなスーツケースに自分の服を詰めた。パトリツィアに数日間フィレンツェに行くと告げ、子どもたちにキスして出ていった。アレッサンドラが九歳、アレグラが四歳のときだ。翌日夫婦は電話で話し、ふだんと変わったことは何もなかった。

翌日の午後、親しい友人でマウリツィオが信頼している医師が自宅にやってきて、パトリツィアにご主人は週末には帰らない、週末だけでなくもうここには帰ってこない、と告げた。彼女は仰天した。医師は彼女になぐさめの言葉をかけ、気分を落ち着かせる鎮静剤を渡して帰っていった。関係が冷えているとは思っていたが、まさか夫が自分と子どもたちを捨てるとは思っていなかった。その数日後、パトリツィアの親友スージーがマウリツィオの伝言を伝えるためにランチに誘った。

「パトリツィア、マウリツィオは家に帰らないといっているわ。彼の服を鞄に詰めてくれって。運転手が取りに来るそうよ」

「あの人がどこにいるか教えて。出ていくのなら、直接私にそれを伝えるべきよ」

七月になってやっとマウリツィオは電話をかけて、週末子どもたちに会いに来た。九月には家にやってきて、グッチがスポンサーになっているポロ競技会の授賞式に一緒に出席してほしい、とパトリツィアに頼んだ。その週末、やっと二人きりで話をする機会があった。よく一緒に出かけた家庭的なトラットリアで、二人は向き合った。

「自由が欲しいんだよ。自由になりたい、とにかく自由が欲しいんだ」。彼は説明した。

「わからないか？　ぼくのやることを最初は父がいちいち指図《さしず》していた。いまはきみだ。これまで一度だって自由に好きなことがやれたことがない！　ぼくには楽しい青春がなかったんだよ。だからいま、やりたいことをやりたいんだ」

冷えたピッツァを前にパトリツィアは黙って座っていた。きみを捨ててほかの女性のもとに走るわけじゃないよ。でも始終がみがみとぼくを叱りつけて威張《いば》り散らすきみといたら、ぼくはまるで去勢されたみたいな気分になる。

「あなたが欲しい自由っていったい何？……」。ついに彼女は口をはさんだ。「グランドキャニオンで筏下《いかだくだ》りをすること？　それとも真っ赤なフェラーリを買うこと？　なんだって好きなことをやればいいじゃないの！　家族はあなたの自由を束縛したりしないわ」

パトリツィアは、なぜ夫が午前三時に家に帰ってくる自由が欲しいなどというのか理解できなかった。彼はいつだって夜一一時にはテレビの前で居眠りをしていたではないか。高級ブランドのビジネスで責任ある重要な仕事をして、部下から尊敬を集めることにすっかり酔ってしまったのだと思った。

「賢い私がいやになっちゃったのよ」。のちに彼女はいった。「お山の大将になりたくて、自分を一番だと崇《あが》めてくれる人たちをやっと見つけたからね」

「好きにしたらいいわ」。パトリツィアは最後に冷たく彼にいった。「でも忘れないで。

あなたには私と子どもたちに対する責任があるのよ」。冷めた表情を装っていたが、パトリツィアの心の中には嵐が吹き荒れていた。

二人の関係が後戻りできないほど悪化したのはその年のクリスマスだった。家族はサンモリッツの山荘で過ごすことにし、パトリツィアは子どもたちとツリーを飾り、着飾ってマウリツィオを迎えた。だが彼は早々に寝室に引き揚げ、家族団欒は白けて終わった。翌朝、夫婦は怯える娘たちの目の前で激しい夫婦喧嘩を繰り広げ、山荘を出て行く前にマウリツィオは長女のアレッサンドラを呼んで「パパはもうママを愛していないから出て行く」とはっきりと告げた。それでもパトリツィアは子どもをだしにして復縁を迫り、マウリツィオはそれを拒絶し、二人は泥沼の争いを続けた。

マウリツィオが出ていったあと、パトリツィアは一人の好ましからぬ友人との交友に慰めを見出した。ナポリ生まれのピーナ・アウリエンマという女性だ。彼女はパトリツィアたち夫婦と何年も前に、ナポリにほど近い、温泉と泥風呂で有名なイスキア島という保養地で知り合った。ピーナは食品関係の事業を展開する実業家の家庭の出身で、活発で楽しい仲間ができたとパトリツィアは喜んだ。それから夏になるとカプリで一緒に休暇を過ごし、彼女の紹介でパトリツィアはそこに別荘を買った。二人目の娘が産まれたとき、パトリツィアにつき添ったのはピーナで、旅行に行くのもいつも二人一緒だった。パトリツィアはマウリツィオに頼んで、ピーナにナポリでグッチのフランチャイズ店を出店させたほどだ。ピーナはナポリの人独特の皮肉っぽい冗談をよくいい、タロット・カードの名手で、パトリツィアは夫に去られたあとも胸の痛みを和らげるために彼女と長い時間を過ごした。「私は彼女を信頼していました。何もかも打ち明けたわ。言葉を選んで話す必要がなかった。あの人はゴシップ屋じゃないと思ったから」。パトリツィアはのちにいった。

マウリツィオが出ていった最初の数年間、二人は夫婦としての社会的な役割はともに果たし、ときには社交行事に二人で出席することもあった。夫が娘たちに会いにやってくるときには彼女は精一杯おめかししたが、帰ってしまうと自室のドアを閉めて何時間も泣いた。毎月夫は銀行口座に六〇〇〇万リラ（三万五〇〇〇ドル）を振り込んだが、パトリツィアは自分がつかんだすべてが指の間からこぼれ落ちていくような喪失感を味わった。毎年子牛のなめし革のカバーがついたカルティエの日記帳を買い求め、表紙に小さな自分の写真をはめた。彼女の「マウ」と何かしらコンタクトをとるとそのすべてを記録し、やがてそれが強迫的なまでの行為になっていった。

結婚生活の破綻《はたん》はマウリツィオが抱えている問題の一つにすぎなかった。アルドと息子たちは、マウリツィオの成功を指をくわえて見ているつもりはなかった。マウリツィオが相続税を払わないですむよう、株券に父の署名を偽造して書き入れた疑いについての詳しい書類を作り、目撃証人の名前を入れて仕上げると、一九八五年六月、官憲に通報した。甥が会社の五〇パーセントを所有していたわけではないことを法的に証明し、これ以上マウリツィオに権力を伸長させないよう食い止めるのがアルドの目的だった。

一年前に役員会の支配権を握ったあと、マウリツィオはアルドに寛大になり、名誉会長の肩書きを渡して、ニューヨークのオフィスの一三階の社長室にそのままいてもかまわないといった。だがアルドたちが警察署長に自分を告発する証拠書類を送ったと知ったマウリツィオは、もうお情けをかけるのをやめようと決めた。話を聞いたデ・ソーレは、ひと晩かけて従業員たちにアルドの持ち物すべてを箱詰めさせ、「グッチの導師」を社長室から追い出した。翌日ニューヨークの従業員たちが社長室に挨拶に行くと、そこにはドメニコ・デ・ソーレがアルドの机に向かって座っていた。

「宣戦布告してきたってわけですよ」。デ・ソーレはいった。「アルドに理性を働かせて正しい判断を下すようにいったのにね。告訴するというのなら、私は彼を叩かねばならない。私がやっていることは気に入っていると彼は始終いっていたし、私が社内に秩序を持ち込もうとしていることもわかっていたはずです。それなのに前々からバカだと公言してきた息子たちと手を組もうとしている。法廷でわれわれを敵に回そうというのなら、彼を追い出すしかないでしょう」。デ・ソーレは淡々と語った。マウリツィオの承認を得て、アルドに社屋への立ち入りを禁じ、グッチの経営者は「アルド・グッチのグッチ社での役割は終了したと決定いたしました」と記者発表を行なった。この声明には、アルド・グッチが社の代表を陥れるようなことをしたために、「以後社の代表として行動することはいっさい許されない」とつけ加えられていた。そしてグッチ・アメリカはアルドとロベルトに対し、一〇〇万ドルにのぼる会社の資金を個人的に流用した横領罪で告訴するとあった。

その期に及んでアルドはやっと、アメリカでの脱税と横領罪が深刻だとわかり、財産も含めて家族の問題を整理しておくときがきたと考えた。一九八五年一二月、アルドはジョルジョとロベルトをローマに呼び出した。単刀直入に、二つの理由からグッチの株を二人に分与すると告げた。第一に、内国歳入庁の捜査がいよいよ大詰めを迎え、重い罰金が科せられる恐れがある。個人の財産目録を減らし、一族の総財産は維持しておきたい。第二に、八〇歳になったいま、息子たちにかかってくる重い相続税を少しでも減らしておきたい。マウリツィオが現在巻き込まれている相続税をめぐるトラブルを見ていると、対策は早めに講じておかねばならない。「なんで税務署に金を持っていかれなきゃならないんだ？」と彼はいった。

一九八五年一二月一八日、アルドはグッチオ・グッチの持ち分四〇パーセントをジョルジョとロベルトに半々ずつこっそり譲渡した。一九七四年に三人の息子たちに等分に三・

三パーセント譲渡していたから、これによりロベルトとジョルジョは二三・三パーセントずつイタリア本社の株を所有したことになる。パオロは三・三パーセント以上譲渡されることはなかった。アメリカの企業であるグッチ・ショップスの株は三人の息子たちがそれぞれ一一・一パーセントずつ持っている。この結果イタリアにある母体となるグッチオ・グッチ社のアルドの持ち株はすべてなくなり、アルドはグッチ・ショップスの株一六・七パーセントだけ所有することになった。フランス、イギリス、日本と香港にある営業会社については、アルドと息子たちにそれぞれ持ち分があった。マウリツィオはグッチオ・グッチとグッチ・ショップスの株を五〇パーセント握っているし、外国の会社についてもロドルフォからの相続分があった。パオロは自分が兄弟と同等に扱われないだろうとうすうす感じていたので、すでに「もし父がおれに何も遺さないっていうんだったら、おれは弁護士を一チーム雇って五〇年かけてもおれの分を奪ってやるからな」と公言していた。これ以上パオロと対立するのを避けるため、ロベルトとジョルジョはグッチオ・グッチの役員会議では三・三パーセント分しか議決権を行使しないと申し合わせていた。

一九八五年一一月、ジュネーブの湖岸でマウリツィオがパオロと固い握手とともに交わした約束が反故《ほご》にされるときがやってきた。パオロの株を第三者委託されているクレディ・スイスのルガーノ支社で、パオロとマウリツィオの両陣営が丁々発止とやり合った。パオロから起こされた訴訟の提出書類によれば、マウリツィオが契約に違反したという。申し立てによると、パオロが経営参加するはずだった新会社グッチ・ライセンシング・サーヴィスに彼のポストはなかった。話し合いは膠着《こうちゃく》状態となり、マウリツィオにグッチの五三・三パーセントの持ち分を与える同意にはとてもいたりそうになかった。その夜遅く、終業時間がとっくに過ぎて銀行の関係者がうんざりするころになって、パオロは「茶番劇としか思えない」と彼がいったこの問題に決着をつけた。これまでに作成された契約書の下書きを破り捨て、アドバイザーのチームを再編成して、自分の株券は渡さないと宣言したのだ。約束を反故にしたという理由でパオロはマウリツィオに対してあらたな訴えを起こし、マウリツィオの社長就任は法律的に無効だと申し立てた。

家族争議の力学を理解しはじめていたマウリツィオは、パオロが約束を破棄するだろうと予測していたので、ジョルジョとひそかに取引をしていた。一九八五年一二月一八日に開かれた役員会議で、彼は自分とジョルジョとそれぞれが信頼している部長の四人をメンバーにした経営幹部会を発足させる、というあらたな提案を出した。ジョルジョはこれにより正式な手続をへて副社長に就任するが、経営幹部会は会社の経営に関して合議制をとると決めた。アルドさえもこの提案に同意した。

パオロとマウリツィオの争いを解決するための調停がジュネーブで始まったが、一九八六年二月にフィレンツェで開かれることになっているグッチ一族の会議までには何一つ合意にいたらなかった。アルドは、マウリツィオがパオロと交わした契約が破棄されたことを知っていた。いま甥は弱い立場に置かれている。引きずり下ろすには絶好の機会だ。いろいろあったにもかかわらず、アルドはグッチ家の伝統を守って、まるで何事もなかったかのように甥を満面の笑みで迎えた。

「マウリツィオ！　でかいボスになりたいなんて夢はさっさとあきらめることだな。一人で何もかもできっこないぞ、弁護士くん。一緒にやろうじゃないか」。アルドはそういって、ジョルジョとロベルトもまじえてあらたな契約を結ぼうじゃないか、と仲裁役を買って出た。

マウリツィオはこわばった笑みを浮かべた。アルドの申し出にまじめに取り合う気にはなれない。伯父が自由の身でいられるのもそう長い間ではないと知っていた。アメリカの官憲は脱税の問題でもうすぐアルドのパスポートを取り上げることになっている。一月一九日、イタリアに向かうはずだった直前、アルドはニューヨーク連邦裁判所での審問で、アメリカ政府に対して七〇〇万ドルの税金をごまかそうとした件で感情的になって有罪を認めてしまった。会社からさまざまなやり方で合計一一〇〇万ドルの金を引き出し、自分や家族のために使ってしまったことを認めた。ダブルブレストのブルーのピンストライプのスーツを着たアルドは、連邦裁判所判事のヴィンセント・ブロデリックに、その行為は自分の「アメリカへの愛情」とはなんの関係もないと涙ながらに話した。アルドは一〇〇万ドルを小切手で内国歳入庁に返還し、残りの六〇〇万ドルを判決が出される前に支払うことに同意した。実刑一五年と三万ドルの罰金が求刑された。ドメニコ・デ・ソーレはマウリツィオに、アルドが刑務所につながれるのはまずまちがいないと教えた。

家族だけの役員会議はドラマもなく終わった。マウリツィオはジョルジョとの合意を確認し、彼の息子たちに社内で重要な仕事を与えることを約束した。アルドは去る前にマウリツィオに厳しい言葉を残した。「私は（アメリカの税金に関することで）会社と一族に対して責任があったことを認めるよ。だがな、弟のロドルフォが自分のポケットに何も入れなかったとはいわせないぞ」。ロドルフォだって役得があっただろうとほのめかしていた。「みんなを助けるために、火中の栗を拾ったのさ。私は大きな心を持っているからね」

一族に平和が戻り――少なくとも一時的には――いよいよパオロともう一度取引をするときがきた。マウリツィオとの協定が破綻したのち、パオロは自分の名前で出すブランドの仕事にまた奔走《ほんそう》していた。今回彼は生産も始めており、バッグやベルトなどのコレクションを発表し、ローマの私的な社交クラブで三月に大々的な発足パーティーを開いた。その真っ最中に司法警察が押し入り、客たちがあわててキャビアのタルトを詰め込みシャンパンを飲み干している脇で、コレクションを差し押さえた。怒り狂ったパオロは誰が招かれざる客をよこしたかすぐわかった。マウリツィオだ。

「畜生！　この落とし前はつけてやるからな！」。燕尾服《えんびふく》を着てシャンパン・グラスを握りしめたパオロは、誰にともなくわめいた。彼は追いつめられていた。訴訟費用などで支払わねばならない金が何万何千ドルにもなっている。何年間も仕事での収入がない。グッチは健全に収益を上げているというのに、壮大な計画を実行に移すための資金が必要だという理由でマウリツィオが配当金を支払わないと決めたために、株からはなんの実入りもない。パオロはニューヨークの家もオフィスもたたまざるをえず、イタリアに戻った。そうしたら今度はマウリツィオが彼のパーティーをめちゃめちゃにした。パオロは訴えてやると脅かしたが、マウリツィオは歯牙にもかけなかった。

マウリツィオに対しては復讐の計画を練っているところだったが、パオロは父への復讐は果たした。アルドは一九八六年九月一一日、ニューヨークで有罪判決を受けた。前日にパオロは思いつくかぎりのマスコミに声をかけ、記者たちが大挙して裁判所に押しかけ、フラッシュをたくことを期待した。法廷で涙を流して温情を懇願し、アルドはたどたどしい英語で「とても申し訳なく思っています。今回のことに関しては深く悔いています。私はまちがっていました。寛大な処置をお願いいたします。もうしません。誓います」と繰り返した。

涙にむせびながら、パオロのことについてもふれた。「私が今日ここに立つことを望んだすべての人を許します。一族の中には自分の義務を果たしたものもいれば、復讐に満足しているものもいます。神が裁きを下されるでしょう」

弁護士のミルトン・グールドは八一歳のアルドが刑務所に入れば、それは「たぶん死を宣告されたに等しい」と実刑だけは免れさせようとした。だがブロデリック裁判長は考えを決めていた。七〇〇万ドルの所得税を脱税した罪で、一年と一日の実刑に服すこと。

父の苦境を見たパオロは、自分をだましたと思っていたマウリツィオにますます強く復讐を誓った。手術を受けることになったローマで、彼はグッチ一族が所有するすべてのオフショア会社についての書類を広げて検討した。銀行口座のコピーから、ロドルフォが作ったパナマのアングロ・アメリカン・マニュファクチャリング・リサーチという幽霊会社を通した資金でマウリツィオが購入したクレオール艇に関する資料まで、パオロは思いつくすべての人に書類を送った。検察庁、財務警察、当時の四大政党をはじめ、証券取引委員会にまで送った。一〇月、フィレンツェの地方検事、ウバルド・ナンヌッチがパオロを召喚し、彼は知っているすべてを話した。その結果はすぐに出た。

スポンサーになっているヨット、イタリア艇がアメリカズカップに出艇するためマウリツィオがオーストラリアに行っている間、捜査官がミラノの自宅を急襲した。パトリツィアはパリに買い物旅行に出かけてホテル・リッツに滞在中で、一〇歳と五歳になっていた娘たちの面倒を見ていた友人からの報せでそれを知った。ちょうど登校するため家を出ようとしたところに五人の捜査官が家宅捜索令状を持ってやってきた。アレグラとともに長女の学校までやってきて、彼女の鞄の中にあった絵を見せろと命じて学院長にショックを与えた。捜査官はまたモンテ・ナポレオーネ通りにあるマウリツィオのオフィスも捜索した。

アルドと息子たちがマウリツィオを訴えた一年前の夏の証拠書類についても調査が進んでいた。一九八六年一二月一七日、ミラノの地方検事、フェリーチェ・パオロ・イズナルディは、あらためてマウリツィオが所有するグッチの五〇パーセントの持ち分について差し押さえ請求を出した。高級品市場で第一線の競合ブランドと肩を並べたいという夢をかなえるのは、思っていた以上にむずかしいとマウリツィオは知った。事を急がねばならない。イズナルディ検事の差し押さえ請求が通ってしまう。

9 パートナー交替

CHANGING PARTNERS

「マウリツィオさん、すぐにいらしてください!」。マウリツィオの忠実な運転手ルイージ・ピロヴァーノが、ミラノの有名な民事専門の弁護士、ジョヴァンニ・パンツァリーニのオフィスに飛び込んできた。ルイージはマウリツィオを一時間以上も探し回り、やっとそこで見つけた。マウリツィオはパンツァリーニと、弁護士で助言者でもあるピローネとともにアンティークの木製テーブルを囲んで雑談していたが、ルイージの切迫した声音と不安な面持ちをびっくりして見上げた。ふだんは冷静さを失わず穏やかなルイージが取り乱すからには、何かよほどまずいことが起こったにちがいない。

「ルイージ、いったいどうした?」。胸騒ぎがしてマウリツィオはさっと立ち上がった。

「急いでください。財務警察がモンテ・ナポレオーネ通りのオフィスで待ち構えています。

すぐにどこかにお逃げにならないと逮捕されてしまいます。さあ、いらしてください。早く！」

昼食のあと、ルイージがモンテ・ナポレオーネ通りのオフィスに戻り四階までエレベーターで昇ろうとしたとき、守衛が彼を入り口で引き止め、あわてて脇に引っ張っていった。

「ルイージさん、上には財務警察がいます。マウリッツィオさんにご用だそうですよ」。守衛はささやいた。財務警察は脱税や密輸など国に対する犯罪を取り締まる軍隊警察で、イタリアでは一般警察よりもはるかに恐れられており、彼らのグレイの制服と黄色い炎のシンボルのついた制帽を見ると、誰もが震えてあわてて身を隠すほどだ。

ルイージは財務警察が来た理由がわかっていた。パオロがマウリッツィオを告発する書類を送ったことや、一年前の早朝、子どもたちが暮らすマウリッツィオの自宅の家宅捜索があったこと、株が差し押さえられていることなどをすべて聞いていたからだ。マウリッツィオは弁護士から、検察が逮捕令状を請求したことを知らされていた。そこでできるかぎり国外に出るようにし、日常の行動パターンも変えて居所をつかまれないようにしていた。この数カ月、自分の住居に帰るのを恐れたマウリッツィオは、ルイージが運転する車でミラノ北部のブリアンザにある小さな食堂まで出かけ、二人さびしくスパゲッティやステーキの夕飯を食べたあと、地元の小さなホテルに宿泊するような日々を過ごしていた。イタリアの法執行官は夜明けに寝込みを襲って逮捕すると聞いていたからだ。泊まるホテルが見つからないときには、車で寝たこともあった。怯えと孤独に打ちのめされそうになっていたマウリツィオは、家族から離れて自分とともにホテル住まいをしてくれるルイージに信頼を寄せた。眠れないとき、マウリツィオはパトリツィアに電話をかけて話を聞いてもらうことさえあった。だがいよいよ恐れていたときがやってきた。

財務警察がやってきたと聞き、即座にルイージはマウリツィオ行きつけのトラットリア、バグッタまで車を走らせた。色彩豊かな油絵やスケッチが壁いっぱいに飾られているトラットリアは、もとは作家や芸術家たちのたまり場だったが、いまではミラノの黄金の三角地帯と呼ばれるおしゃれなショッピング街に昼食にやってくるビジネス・エリートたち御用達となっている。グッチの幹部たちはすでに四〇年近くこの食堂で、ミラノ風カツレツをはじめとする名物料理に舌鼓を打ってきた。ルイージはマウリツィオがピローネとそこで昼食をとっていると知っていた。だが蠅《はえ》取り紐がつるしてある入り口で黒服の給仕長から、二人はすでに帰ったといわれた。そこでたぶん弁護士事務所だろうと見当をつけて駆け付けたわけだ。

ルイージの話を聞いたマウリツィオは、眉を上げてピローネと弁護士のパンツァリーニを振り返り、それからルイージとともに事務所を飛び出した。テニスや乗馬、スキーをたしなんできたマウリツィオはまだ若いころの体型を維持していたが、大好きなスポーツを楽しむ時間がなくなったために、階段を駆け下りると心臓が破裂しそうになった。ここまで探しに来られた場合を考えてルイージが裏口に停めておいた車に乗り込むと、車とオートバイを置いているマウリツィオの住居近くの車庫まで車を回した。ルイージは彼に、馬力がある真っ赤なカワサキGPZのキーとヘルメットを渡した。

「スイス国境までヘルメットをはずしちゃだめです。誰かに顔を見られたらおしまいですからね」。ルイージはいった。「何もなかったような顔をしてください。何か聞かれたら、サンモリッツの別荘まで行くというんです。あやしまれないように。でも急いで！」

オートバイにまたがったマウリツィオの心臓は早鐘《はやがね》のように打ち、スイス国境のルガーノまで一時間足らずで到着した。国境の検問所に近づくとスピードを落としたが、ルイージの忠告にしたがってヘルメットは外さなかった。パスポートを一瞥《いちべつ》しただけで、行ってよいと国境警備員が手を振ると、彼はエンジン全開でサンモリッツへ行く北向きの高速道路を走った。最短距離の道は途中で一部イタリアを通らねばならないので、あえて遠回りの道路を選んだ。二時間足らずでサンモリッツの別荘に到着した彼は、身体を震わせながらカワサキを停めた。

マウリツィオを見送ったあと、ルイージは何食わぬ顔でモンテ・ナポレオーネ通りのオフィスに戻り、むなしく待っている財務警察に自分もボスを探している風を装って、いったいどうしたのかと聞いた。

ルイージの読みは正しかった。警察はクレオール艇を購入した資金が国外から違法に調達されたという容疑で、ミラノ予審判事が出した逮捕令状を持っていた。クレオール艇は、ロドルフォが節税対策のためにパナマに設立したアングロ・アメリカン・マニュファクチャリング・リサーチというペーパーカンパニーの資金で購入されていた。当時イタリアではまだ金融市場は自由化されておらず、まとまった金額を海外から持ち込むのは違法だった。マウリツィオが当時スイスの住民で、クレオール艇は英国船籍であったにもかかわらず官憲は逮捕状を出し、パオロの目論見《もくろみ》通りに事は運んだ。マウリツィオはイタリア国外に出て会社の日常業務から離れざるをえず、自由を奪われた。

翌日の一九八七年六月二四日水曜日、新聞各紙は衝撃的なニュースを伝えた。「グッチは夢のヨットで嵐に巻き込まれた。ついに逮捕状が出された。マウリツィオ・グッチは逮捕を免れて逃亡している」。イタリアの日刊紙〈ラ・レプッブリカ〉は書いた。

ピローネと彼の義弟もこの件で告訴されたが、ピローネは三人の中で一番運がなかった。逮捕され、グッチ本社があるスカンディッチにほど近いフィレンツェのソッリッチャーノ拘置所で三日間にわたる尋問を受けたのだ。ピローネの義弟はマウリツィオ同様すぐに逃げて逮捕を免れた。マウリツィオが孤立無援でスイスに立てこもってから二カ月後、ミラノの裁判所はマウリツィオの五〇パーセントの議決権を取り上げ、仮の社長として大学教授のマリア・マルテッリーニを任命した。

それから一二カ月にわたってマウリツィオはスイスで暮らし、サンモリッツの別荘とルガーノ湖畔に建つ最高級のホテル、スプレンディド・ロイヤルを行ったり来たりしながら過ごした。彼は業務を執り行うオフィスをホテル内に設置し、出張に出かけていないときにはそこで仕事をした。ルガーノはイタリア領土内に長く横たわるマッジョーレ湖とコモ湖にはさまれた美しい街だ。ミラノに近く、光熱費や日用雑貨の価格が安く、郵便事情がよく、銀行の個人情報保護が行き届いているこの街には、イタリア人が頻繁に訪れて滞在する。マウリツィオにとって、この街は避難生活を送るのに何かと便利で快適だった。会社の部長たちを呼んでマルテッリーニの仕事ぶりについて報告を聞くにも便利だし、週末にサンモリッツまで車で出かけるにも近い。マウリツィオはパトリツィアに、ルガーノまで娘たちを連れてきてくれと懇願したが、彼女はいつも土壇場になって何かと行けない用事を作った。スイスで迎える最初のクリスマスには娘たちを寄越すとパトリツィアが約束したので、一二月二四日の午前中マウリツィオはおもちゃを探してルガーノの街を歩き回った。ルイージが二人を連れてやってくることになっている。だがミラノの自宅を訪れたルイージは家政婦から、娘たちを行かせてはだめだとパトリツィアにいわれている、と聞かされた。

「どうしようかと青くなりました」。ルイージはのちにいった。「お嬢さんたちを連れていかなくては、マウリツィオさんに合わせる顔がありません。でもお連れできないんだからしかたがない」。ルガーノに向かったルイージは、途中でマウリツィオにその報せを伝えた。「その夜、私が訪ねていくとあの人は泣いていました」。悲しそうにルイージはいった。マウリツィオにとって、このときから何もかもうまく行かなくなる「ドツボにはまった時期」が始まった、とルイージはいった。

そのころのマウリツィオの人生におけるただひとつの支えは、サルディーニャで行われたアメリカズカップの優勝決定戦のとき知り合った、元モデルのシェリー・マクローリンだった。筋肉質のやせた背の高いシェリーは、マウリツィオのルックスのよさといきいきした様子に惹かれた。彼女は彼の金や名前以上に彼本人を気遣った数少ない一人だった。マウリツィオがルガーノに逃れたあとも、彼女は週末になるとサンモリッツにやってきて過ごした。シェリーはマウリツィオを愛し、新しい人生を彼とともに始めたいと願っていたが、彼にはまだその準備ができていなかった。個人的な問題や仕事上での厄介事に翻弄《ほんろう》されていた彼は、彼女との関係に没頭できなかったのだ。

ついにシェリーと別れたあと、マウリツィオはたった一人で時間を埋めなくてはならない日々が長く続いたが、その期間に彼はグッチの過去について研究し、グッチのブランド再建に向けての青写真となる構想を練った。

マウリツィオはかろうじて逮捕を免れている状態ではあったが、おとなしく引っ込んでいるつもりは毛頭なかった。当時大人気のスイス人シェフ、アントン・モジマンがロンドンで経営している最高級ダイニング・クラブ、「モジマンズ」にグッチ・ルームを作り、その内装に忙しかった。好きなアンピール様式のアンティーク家具を置き、壁にはグッチの緑色のプリント布を張り、一風変わったデザインのシャンデリアや照明器具をつるした壮麗なスタイルで部屋を飾った。内装費用は相当額にのぼった。請求書はもちろんグッチ本社に送られ、グッチの管財人で社長代理をつとめるマリア・マルテッリーニは、金額を見てひきつけを起こしそうになった。

背が高く髭をたくわえたエンリコ・クッチャーニがミラノにおけるマウリツィオの主代理人となり、モンテ・ナポレオーネ通りのオフィスとルガーノのホテル、スプレンディド・ロイヤルの間を書類や伝言や指示をたずさえて往復した。マウリツィオはクッチャーニを数カ月前にコンサルタント会社のマッキンゼー&カンパニーから引き抜き、グッチの新しい役員に任命したところに今回の騒ぎが起こった。

逃亡生活に入る前年の春のはじめごろ、マウリツィオはクッチャーニに、伯父と従兄が自分を告訴しようとしている深刻な事態について相談していた。

「われわれ一族は絶望的だ」。マウリツィオはある日モンテ・ナポレオーネ通りの机の前を行ったり来たりしながらクッチャーニにいった。「一緒にやっていこうとしたが、私が一歩前に出るたびに、これから私がやろうとしていることとはまったく関係のないことで足を引っ張るんだ。そしてついに私に対して闘いを挑んでこようとしている」。いつものくせで中指でべっ甲縁の眼鏡を押し上げながら彼はいった。そして振り返ってクッチャーニを見つめた。ビーダーマイヤー様式の椅子に足を組んで腰かけているクッチャーニは、親指と人差し指で白いものが目立つ髭をなでながら、上司の言葉にじっと耳を傾けた。

「あの人たちの株を買い取ってしまう方法を見つけなくてはならない」とマウリツィオはいった。

クッチャーニは、ロンドンのモルガン・スタンレーで働く投資銀行家のアンドレア・モランテという男に電話をかけた。マウリツィオ・グッチに会ってもらいたい、ただし一族の内紛が緊張を増しているのでくれぐれも極秘で、と頼んだ。明断な頭脳を持ち、イタリア出身であることとその優れた財務手腕で成功をおさめていたモランテは、すぐさまこの話に興味を惹かれた。グッチは活力あるイタリアの中堅企業だし、後継者問題を差し引いてもあまりある魅力を持っている。後継者問題に悩む企業などごまんとあるではないか。グッチは華やかさと贅沢の代名詞であり、大きく発展する余地がある企業だ。まさに投資銀行家の夢をかなえる可能性を感じる。モランテは翌週ミラノでマウリツィオに会う約束をした。

マウリツィオはモランテをオフィスのドアのところであたたかく出迎え、ほんの数秒で相手から重要な情報を読み取った。モランテは中肉中背の魅力的な容姿で、グレイの髪を短く刈り、青い目がきらきら輝いている。その日は特別な機会にだけ着る一張羅《いっちょうら》のスーツを着てエルメスのネクタイを締めていた。

「お会いできてたいへんうれしいです、モランテさん」。マウリツィオはにっこり笑っていった。「ネクタイが場違いであることはさておきましてね」。どきっとしたモランテは思わずグッチの若い役員の顔をうかがったが、気さくな笑みが浮かんでいるのを見てほっとした。すぐにマウリツィオのことが好きになった。その目の輝きと冗談めかした指摘のおかげですっかり緊張がとけた。それから数カ月間、どんなに深刻な話し合いの席でも、軽いジョークで口火を切って全員の肩の力を抜く彼の才能をモランテは高く評価した。

「モランテさん、グッチは五カ国の料理を五人の料理人が調理しているレストランのようです。メニューは五ページにわたり、ピッツァが食べたい客に春巻が運ばれている状態です。客は当惑しますし、厨房は大混乱です」。芝居がかったしぐさで彼は両腕を広げてあきれてみせた。よく知らない人の前では他人行儀な礼儀正しさを崩さないのだが、モランテを気に入ったマウリツィオはすぐに打ち解けて地を見せた。

眼鏡の奥から、マウリツィオは青い目で投資銀行家の反応を注意深く探っていた。モランテは頷きながら耳を傾けていたが、これからマウリツィオの話がどの方向に展開していき、そこに自分がどう入り込めるのかを考えていたのでほとんど口をはさまなかった。

モランテはモルガン・スタンレーに一九八五年に入社し、イタリア市場の担当となってすぐに重要な取引を任せられた。イタリアの車輛タイヤ・メーカー、ピレッリ社によるアメリカの巨大タイヤ・メーカー、ファイアストーン社の買収である。買収は結果的に失敗し、ファイアストーンはその後、日本のブリヂストン社が買収した。国際的な家庭に育ち、枠にはまらない発想ができるモランテは、一般の投資銀行家とは異なる姿勢で仕事に取り組んだ。彼はイタリアの多くの主要企業を悩ませていた後継者問題や会社の発展について、新しい発想を採り入れることを恐れなかった。海軍につとめる父にしたがってイタリア各地からワシントンDCやイランでも暮らしたことがある彼は、イタリアで経済学を学び、ロンドンで就職する前にカンザス大学でMBA（経営学修士）を取得した。

「グッチが顧客を取り戻せる方法が一つだけあります。製品とサービスと商品の一貫性をはかり、イメージを向上させることです」。マウリツィオはいった。「正しく事を運ばないと、大金をどぶに捨てることになる。われわれが運転しているのはフェラーリです。だが、旧型の大衆車のような運転をしているのです!」。お気に入りのたとえを引いた。

「正しい車、ドライバー、優れたメカニックとスペアの部品を大量に備えなければF1に参戦などできません。私のいいたいことがおわかりですか?」

　モランテにはマウリツィオの言いたいことがよくわからなかった。オフィスに入ってからすでに一時間以上たっていたが、会談の真の目的が見えてこない。その日の夜、モランテはクッチャーニに電話をかけて今日の会談をどう考えたらいいのかたずねた。

「心配するなよ、アンドレア。あれがいつものマウリツィオのやり方なんだ」とクッチャーニはいった。「会談は上出来だったよ。あの人はきみを気に入った。できるだけ早くつぎの会合を設けよう」

　翌週マウリツィオ、クッチャーニとモランテは、モランテがミラノで常宿にしているホテル・デューカで会った。ウェイターが静かに給仕する天井の高いレストランには、客たちの話し声とグラスや食器の音がひそやかに響くだけだ。今回マウリツィオはすぐに要点を切り出した。彼はモランテが気に入り、信頼すると決めた。だがいつもの楽観的で気軽な態度ではなく、切羽詰まった不安げな様子で話した。

「私の親戚は、私がやりたいことをすべて卑劣な手段で邪魔だてします」。テーブルに身を乗り出して熱心な口調で彼は話した。「フィレンツェは進取の気性を持ったものを泥沼に引きずりこむような旧弊な街になってしまいました。いま私は親戚から闘いを挑まれています。あの人たちの株を全部買い取るか、でなければ私の株を売ってしまうかどちらかです。そうでなければ話は進みません」

モランテは、株の売買というところに自分の仕事があるとようやく理解した。クッチャーニは「ほら、やっと本題に入った」といいたげに彼を見た。

「グッチさん、従兄の方々は喜んで株を手放すでしょうか？」。モランテはよく響く音楽的な声で聞いた。

「私には売りませんよ」。マウリツィオは声を上げて笑い、椅子の背もたれに体重をあずけて肘掛けに手を置いた。「あの人たちにとって、それは野獣と娘を結婚させるようなものですからね」。その口調でモランテにはわかったことがある。たとえ従兄たちが株を売ることに同意しても、マウリツィオにはその資金がない。「だが状況によっては、彼らの株を買い取ることができる」。マウリツィオの声が真剣になった。

「グッチさん、ひとつ教えてください。もしあの方たちが売らないと決めたら、あなたはご自分の株を喜んで売り渡しますか？」

マウリツィオの顔にさっと暗い陰が落ちた。「売るわけないでしょう！　あの人たちには資金がありませんよ。あの人たちに売るくらいならば、誰か長期的に会社のことを心から考えてくれる第三者に売るほうを選びますね」

モランテはすぐにマウリツィオの隠れた意図を理解した。マウリツィオの親戚から株を買い取る第三者を見つけ、マウリツィオと手を組んでグッチの再建にあたるパートナーとする。また相当の資産家であるように見えても、現在のところマウリツィオは流動資金を持っていないことにも勘づいた。モランテは現金化できる資金を得るために、どの資産なら手放すことができるかをたずねた。新しいパートナーを見つけるために、それが交渉の強みとなるからだ。

そこで聞かされたことに彼は驚いた。マウリツィオはドメニコ・デ・ソーレと数人の投資家たちと組んで、経営基盤が揺らいでいたB・アルトマンの経営権をひそかに購入していたというのだ。B・アルトマンは一八六〇年代末に創設された富裕層向けの老舗デパートで、八〇年代末には全米に七店舗を展開していた。公式にはデロイット・ハスキンズ＆セルズという小売業向けの会計事務所を経営するアンソニー・R・コンティがCEO（最高経営責任者）であり、同じくデロイットの元共同経営者だったフィリップ・C・センプレヴィヴィォが代表取締役をつとめていることになっていた。グッチの名前は商取引には出ていないし、マウリツィオがB・アルトマンを所有していることを知っているものはほとんどいない。モルガン・スタンレーの助けを得て、マウリツィオと投資家グループは一九八七年、オーストラリアのフーカーズ・コープ株式会社という小売業と不動産業を営むグループ企業にB・アルトマンを二七〇〇万ドルで売った。売却のおかげでマウリツィオの銀行口座にはありがたくも現金が入ってきたという。

モランテはロンドンに戻って、毎週月曜に開かれるモルガン・スタンレー投資銀行部門の定例会議で、会議室のテーブルを取り囲んだ二〇人あまりの同僚たちにマウリツィオ・グッチとの最初の会談の模様を話した。会議室は嘲笑と懐疑的な雰囲気に包まれた。グッチのブランド名はたしかに注目に値する。だが最近では聞こえてくるのは内紛と告訴と脱税の話ばかりだ。「あそこから本当に何かしらの利益を得ることができるかどうかを確かめないとね」。同僚の一人がいった。

「グッチの名前を出すと、すぐに誰もが関心を示しました」。モランテは当時を思い出していった。「定例会議では、取引を通してどれだけの金を稼ぐことができるかで、出席者の関心の高さが決まります。でもグッチのときには、そのブランド名だけで関心が集まったのです」

関心は寄せられても、内紛に翻弄されているグッチと取引することについて、銀行家たちの大半ははなはだ消極的だった。

だが会議が終わったあと、モランテの発言を真剣に聞いていた一人の若者、ジョン・スタジンスキ――スタッズと呼ばれ、銀行のシンクタンクの仕事を任されていた――がやってきた。彼はのちにモルガン・スタンレーで投資銀行業務を統括する。スタジンスキは当時まだ投資銀行としてほとんど無名だったインヴェストコープが、歴史あるアメリカの宝飾業者、ティファニー&カンパニーを一九八四年に再建し、ニューヨーク証券取引所で株を売ってひと財産築いたことを知っていた。インヴェストコープが、高級品ビジネスへの投資に関心がある、中東のオイルマネーで潤っている富裕な顧客を掌握していることも知っていた。

「グッチの話に関心を持つとしたらインヴェストコープしかないだろう」とスタッズは思った。「だが乗ってくるかどうかは賭けだ」。会議が結局グッチの件については否定的な見方で終わってしまったあと、彼はモランテを脇に呼んで自分の考えを話した。

「成功する可能性は非常に低かったですね」とスタジンスキはのちにいった。「グッチは落ち目のブランドで、株の保有状態があまりにも複雑すぎる。この取引は成功したら大きい。でもそのためには周到に駒をそろえる必要がありました」

「複雑な株の保有状態を考えると、相当の忍耐力と決断力が必要だとは思いました。だがインヴェストコープには資金力があり、高級品ビジネスに高い関心を持ち、複雑な株保有の問題に対処する忍耐力があることもわかっていました」とスタジンスキはいった。そこでインヴェストコープのロンドン代表者であるポール・ディミトルクに電話をかけた。引き締まった身体つきのディミトルクは、突き刺すように鋭くもなればあたたかさをたたえることもある黒い目を持つ男で、控えめな物腰と高い野心を持ち、空手の黒帯有段者だった。消防士の息子として生まれクリーヴランドで育った彼は、ニューヨークのロースクールを出て、企業を顧客に抱える法律事務所に勤めていた。そしてイラクのビジネスマン、ネミール・キルダールがインヴェストコープを創設するとき、半《なか》ば強引に引き抜かれた。キルダールは、アメリカとヨーロッパの国境を超えた企業間商取引を成功させた彼の実績を評価した。より自分の可能性を広げたい、そしてヨーロッパで暮らしたいと願っていたディミトルクは一九八二年にロンドンに引っ越し、法律事務所のロンドン・オフィスの営業パートナーとなっていた。ティファニーの買収後まもない一九八五年のはじめにインヴェストコープに入った彼の最初の仕事は、ティファニーが国際的ビジネスを展開する手助けをして、買収後の経営を安定させることだった。

　秘書がジョン・スタジンスキから電話があったことを伝えると、ディミトルクはすぐにかけ直した。その若さにもかかわらず、スタッズは人脈の豊かさ、高級ブランド業界の目利きであることと、アメリカ人でありながら排他的なヨーロッパのビジネス界に入り込んでいく特殊な才能とで投資銀行業界ではすでに広く知られた存在だった。

「ポール、きみのところではグッチに関心はないかい？」。スタジンスキは電話で要件のあらましを述べた。「マウリツィオ・グッチの将来展望に同意するなら、彼を助けてやってもらえないだろうか」

モランテと同様、ディミトルクもグッチの名前に身を乗り出した。「それはぜひともマウリツィオに会って話を聞きたいよ」と彼はいった。

ディミトルクから前向きな感触を得たとスタジンスキから伝えられたモランテは、ロンドンからマウリツィオに電話をかけた。マウリツィオは挨拶をするのももどかしく聞いた。

「取引先は見つかったのかな？」

「ちょっと待ってくださいよ。一段ずつ段階を踏んでいかなくちゃなりませんよ」。モランテはいさめた。

「急がなくちゃならないんだ。もう時間がない」。まだミラノにいたマウリツィオは強い口調でいった。モランテには言っていなかったが、親戚からの告訴が深刻な事態を招くことを予感していた。

「あなたに会いたい、話を聞きたいという人がいるんです。ロンドンまでいらっしゃれますか?」

一九八七年当時、インヴェストコープは金融界でほとんど名前を知られていなかった。会社は一九八二年、欧州・北米市場と湾岸アラブ諸国の顧客との間を取り持つことを目的にキルダールによって設立された。

キルダールは使命感に燃えたカリスマ的魅力の持ち主だった。広く禿《は》げ上がった額《ひたい》と鷲鼻、見つめられると吸い込まれそうなほどの緑の目を持つ彼は、イラク北東部のキルクーク出身で、西洋に傾倒し、イラクで国の西洋化に反対するナセル主義と汎アラブナショナリズムが燃えさかったときには、ヨルダン・ハシミテ王国に忠誠を誓ったこともあった。一九五八年王家が暗殺され、血のクーデターが起こってサダム・フセインが政権を掌握すると、キルダールは国外への逃亡を余儀なくされた。

カリフォルニアにあるカレッジ・オブ・ザ・パシフィックで学位を取り、アリゾナで短期間、銀行に勤めたあと、キルダールはバグダッドに戻ってそこで落ち着くかに見えた。西欧の会社の代理をつとめる商社を興したが、一九六九年四月、彼は突然逮捕されて一二日間説明もなく勾留された。フセイン政権による権力の見せしめのためだ。この経験でイラクを離れる決意が固まった。ただ彼はすでに三二歳で、支えていかねばならない家族がいた。その後、アメリカの銀行一八行が共同で国際ビジネスを開発する目的で設立したアライド・バンク・インターナショナルにようやく職を得てニューヨークに渡った。銀行がある西五五番通りの地下で日中働き、夜にはMBAを取得するためフォーダム大学に通った。資格を取って短期間、北米ナショナル銀行に勤めたあと、チェース・マンハッタン銀行に移った。チェース・マンハッタンは銀行界のキャデラック的存在で、野心にあふれた者が国際金融界でキャリアを築くのにうってつけだった。

チェース・マンハッタン銀行時代、キルダールはアラブ湾岸地域の長期的なビジネス計画を立て、一九七〇年代の石油危機のおかげでビジネスは莫大な富を産んだ。最初はアブダビ、つぎにバーレーンに彼はチェース・マンハッタンの足場を作り、チームを作ってのちにインヴェストコープに参加する人材を集めた。

キルダールは、湾岸地域の富裕な個人や企業に、石油で得た資金の魅力ある投資先を提供することを考えた。中東の投資家たちが西欧の健全な不動産物件や企業に投資する機会を作りたい、そしてゴールドマンサックスやJ・P・モルガン――取引交渉能力の高さで高名をはせている一流投資銀行――に匹敵するアングロアラブ系投資銀行を作りたい、とキルダールは考えていた。一九八二年、彼はバーレーンのホリデイ・インで秘書一人、タイプライター一台のオフィスを作って本社とした。インヴェストコープ・ハウスはやがてロンドンとニューヨークにも支社を置いた。会社の任務は、将来性はあるが経営に苦しむ企業を買い、財政的援助とアドバイスを与えて再建し、再び売って利益を上げることにある。インヴェストコープの顧客は投資物件を選び、なおかつ投資形態も選択できる。一般の投資ファンドのように、投資家たちはインヴェストコープが所有する企業のすべてに一律に、また自動的に投資する必要はない、ということだ。個別に売却するか、株を一般公開するかに関係なく、売却までの一連の業務が終わるまで、投資家たちに配当金は支給されない。

インヴェストコープが最初に買収したのは、ロサンゼルスのマヌライフ・プラザとA&Wルートビアの一〇パーセントの保有権などで、一連の取引が成功したおかげで経験と信頼を得た。そしてティファニー&カンパニーを、一九八四年一〇月にエイヴォン・プロダクツから一億三五〇〇万ドルで買収し、三年後に株式を公開し、年一七四パーセントという驚異的な運用益を上げた。アメリカで企業再生の伝説を作ったことで、インヴェストコープは企業売買市場にたしかな実績を残した。

モランテからインヴェストコープの背景について電話で説明されたとき、ティファニーの成功話を聞いたマウリツィオは、このアラブ系金融会社と手を組んだときの構想を早くもあたため始めた。「ティファニーの再建を果たした会社ならば一流ブランドに関心があるにちがいないし、クオリティとは何かを理解し、株公開にあたって財務を合理化するためのパートナーとなるのにふさわしい、と彼は考えたのです」とモランテはいう。

いつでもロンドンに行ける、とマウリツィオはいった。だがその夏、マウリツィオをつぎつぎと災難が襲った。裁判所が彼のグッチ株を差し押さえた。裁判所がグッチに管財人を派遣した。クレオール艇の件で逮捕状が発令された。その上、父からの遺産相続手続について疑いがかけられ、民事裁判所が彼の個人資産を差し押さえた。カワサキのオートバイでスイスに逃れたマウリツィオは、まだ会ってもいないインヴェストコープになんと伝えようかと悩んだ。だがサンモリッツの別荘に落ち着くと、楽観的気分をふるい立たせてモランテに電話をかけた。

「インヴェストコープの人たちに、今回の一連の事件は従兄たちの私への妨害工作で、すべて片をつけるからと伝えてください。六カ月ですべて終わらせますからとね」

モランテはマウリツィオの自信に満ちた口調を信じることにした。たとえ彼の言葉どおりに片づかないとしても、財政的法律的トラブルを抱えていれば、かえって彼から株を買いやすくなると投資銀行に進言しようと考えた。

一九八七年九月、マウリツィオはロンドンに飛んで、セントジェームズ・プレイスにあるお気に入りのデュークスというホテルに宿泊した。翌朝モランテとスタジンスキに付き添われた彼は、メイフェアのブルック通りにある、元厩舎《きゅうしや》だった建物を改造した洒落た四階建てのインヴェストコープのロンドン支社を訪れた。三人は二階の居間に案内された。ゆったりとかけられるソファと椅子と小さなコーヒーテーブルが置かれた部屋は、親密な雰囲気で商談ができるようしつらえられている。ポール・ディミトルク、セム・セスミグとリック・スワンソンが三人を出迎えた。

「はじめてマウリツィオと会ったときのことは一生忘れられないでしょう」と、ブロンドで童顔のリック・スワンソンはいう。アーンスト&ヤングで会計士だった彼は、最近インヴェストコープに入ったばかりだった。「まるで映画スターみたいでした」

そのときまでに、マウリツィオは父の芝居っ気と、伯父の精力的な押し出しのよさを合わせた魅力的なスタイルを身につけていた。キャメル色のカシミアのコートをさっとひるがえし、トレードマークになっている長いブロンドの髪と大きなアビエーター・サングラス、そしてグッチ家特有の愛想のよい笑みを浮かべ、銀行家たちの先頭に立って彼は入ってきた。出迎えたインヴェストコープの上層部はひと目で彼の魅力にとらわれ、うっとりと見つめた。

マウリツィオはさっそく自分の思いを語り出した。祖父のグッチオ・グッチが創業したときから始め、アメリカでの成功と自身の経歴を話し、現在グッチと自分が抱えている問題について説明した。

「一代目が創業し、二代目が発展させ、三代目で大きく成長するかどうか試される、とイタリアではよくいわれます」。マウリツィオはいった。「三代目にあたる私と従兄たちは、会社の将来に対してまったく正反対の意見を持っています。二四〇〇億リラ（当時の為替レートで一億八五〇〇万ドル）の売上高を誇る企業が、一家族の考えだけで左右されていいのでしょうか？　伝統の持つ力を私は信じていますよ。でもその上に何を築くかが問題なんです。ブランド・ビジネスは観光客に遺跡を見せるのとは訳がちがうでしょう？」。興奮した口調で彼はいった。

「家族の内紛は何年間も会社の発展を妨害しています。少なくとも潜在的な成長の可能性をつぶしてしまっているんです。グッチが手をこまねいているこの期間に、いったいいくつ競合ブランドが生まれて、しかも成功をおさめていったかを考えると歯嚙みしたくなりますね。いまこそ新しいページを開くときなんです」

投資銀行家グループはじっと彼の話に聞き入っていた。

「船頭多くして、船、山にのぼる、という状態が続いています」と彼は続け、青い目に力を込めた。「従兄たちはファッション界で自分たちは運よく大成功をおさめていると思っています。とんでもない。ジョルジョはまったくの役立たずです。彼の頭にはシエナ広場の馬術競技会でグッチ・トロフィー・カップを授与することしかありません。ロベルトは自分が英国人だと思っています。だからシャツの襟《えり》を固く糊付《のりづ》けしてしまって前しか見られない。パオロは、人生の唯一の目標が父親を刑務所送りにすること、という正真正銘の厄介者です。こんな親族しかいないんです。私は『ピザ兄弟』と呼んでるんですがね」と従兄たちを無能な田舎もの扱いして鼻で笑った。

「グッチは誤った経営で可能性をつぶされている企業です。正しいパートナーを得れば、かつての栄光を取り戻せるはずです。グッチのバッグを持つことがステータスになるようにしたい。そのためには経営方針を統一し、明確な将来展望を描くことが必要です。そうすれば」と彼はそこで効果的にひと呼吸置いた。「みなさんが驚くほどの金が流れ込んできます」

常識から考えれば、投資先としてグッチが有望企業といえないとわかっていながら、投資銀行家たちはマウリツィオの話に魅了された。彼はまたグッチ・ブランドの潜在的可能性についてもバラ色の未来を描き出した。

「どうかしていましたよ、たしかに。ちょっと考えたらそんな話に乗るなんてありえないと気づくはずでした」。スワンソンはいう。「財政的な基盤を保証する話などひと言も出てこなかったんですよ。少なくとも、私たちがふだん扱っている投資物件と比べると、グッチの財務保証条件はレベル的にかけ離れていました。それどころかしっかりとした舵取りができる経営者もいないし、保証は一つもありません。それなのに彼がグッチの将来について語り出すと、みんなその夢にすっかり魅せられてしまったんです」

マウリツィオのグッチの名前に対する情熱と、もう一度かつての栄光を取り戻さねばならないという切迫感はディミトルクの胸も打った。育った環境こそ一八〇度ちがったが、ディミトルクはマウリツィオと同世代で同じような野心を持っていた。二人はそれからの仕事でウマが合うことを証明した。

「マウリツィオには不思議な麻薬的魅力がありました」とディミトルクはいう。「自分がブランドを率いていく守護神のように語るのです。必ず自分がこのブランドを再生させてみせると彼は自信を持っていました。そしてまた『自分にはその方法が完全にわかっているわけではない』ことも正直にさらけ出していました」

マウリツィオが帰ったあと、ディミトルクは南仏で休暇を楽しんでいるキルダールに電話をかけた。

「ネミールかい？　ポールだ。今日マウリツィオ・グッチに会ったんだ。グッチというブランドを知ってるかい？」

電話の向こうでしばらく沈黙があった。

キルダールはにやりと笑っていた。「いま足元を見ていたんだよ。私がはいているのはグッチのローファーだ」。黒いクロコダイル革のローファーはキルダールのワードローブに欠かせなかったし、いまでも彼は愛用している。

キルダールは即座に、マウリツィオと契約を交わすようディミトルクに伝えた。グッチと手を組むことによって、インヴェストコープは閉鎖的な仲良しクラブのような欧州ビジネス界に食い込む手がかりを得ることになるだろう。

「アメリカとヨーロッパの両方で成功することで、われわれの力が認められます。だからヨーロッパで地盤を築く必要がありました」とキルダールはいった。

「アメリカよりもヨーロッパのほうがはるかに商売はむずかしかったですね」とインヴェストコープのCFO（最高財務責任者）エリアス・ハッラクはよそ者を入れようとしないヨーロッパのビジネス界の排他性を指摘した。「ヨーロッパで大きな取引を成立させることが、われわれにとって戦略的に非常に重要でした」。グッチに投資すればインヴェストコープに対して人々の見る目が変わり、ヨーロッパばかりかアメリカ市場からも一目置かれる存在になれる。

つぎの段階として、最終決定権を持つネミール・キルダールにマウリツィオを紹介した。キルダールは商談の第一歩をおいしい食事をともにすることから始めるのを好んだ。インヴェストコープの居心地のよいダイニング・ルームのときもあるし、グルメの間で有名なレストランのこともあった。堅苦しい打ち合わせよりも、ゆっくりとくつろげる場所で一緒に仕事をする相手の品定めをするほうがいい。キルダールはマウリツィオを上質のイタリア料理と行き届いたサービスで知られる洗練された会員制クラブのハリーズ・バーに招待した。

ハリーズ・バーの高級感がさりげなく漂うダイニング・ルームで、二人はじっくりと互いを観察し合った。キルダールとマウリツィオはひと目でお互いを気に入った。キルダールは三九歳のマウリツィオの前向きな姿勢と夢を追いかける熱意に惹かれた。マウリツィオは五〇歳のキルダールが優雅に、だが自信たっぷりにリスクを恐れず計画を推し進める男だと思った。

「息がぴったり合うとはこういうことをいうんだ、と思いましたよ」とモランテはいった。「あの二人はひと目で惚れ合いました」

キルダールはグッチの件をインヴェストコープが取り組む最優先事項とし、ディミトルクとスワンソンにこの件だけに集中するよう命じた。極秘に事を進めなければならないため、グッチ計画には「サドル」という暗号名がつけられ、まず会社の収支決算書を調べるところから仕事が始まった。

ディミトルクとスワンソンはマウリツィオと簡潔な契約書を取り交わし、協力関係を結ぶにあたっての原則と要件だけを確認しあった。ブランドの再建、経営のプロを入れること、そして会社を安定させるために基盤となる株主を一つにまとめることである。グッチの場合は、一族のほかのメンバーが持っている株を買い取ることを意味した。最終的に再建が完了した時点で、株式市場にグッチを上場させる方法を考える、ということで両者は合意した。「サドル合意書」と名づけられた数ページにわたる契約書は、グッチにとって画期的なビジネス関係の土台となった。

「グッチというブランド名が持つ価値について私たちはマウリツィオと同じ考えを持っていました。それは特別なもので、再生させるに値すると信じていたのです」とディミトルクはいった。「私はネミールから全面的支援を受けました」。インヴェストコープはマウリツィオの親族が所有するグッチの五〇パーセントの株を買い付けることに着手した。「道は一つしかありません。従兄たちから買うことです」。ディミトルクはいった。「マウリツィオは一度たりと躊躇したり、われわれのやり方に不安を持った様子はありませんでした。私たちはつねに連絡を取り合い、やると決めたことをためらいなく実行しました」

マウリツィオは舞い上がっていた。「ピザ兄弟」が仕掛けた泥試合から抜け出す道を見出したのだ。逃亡先のルガーノに構えたオフィスで、彼とモランテは親族に近づくための計画を練った。モルガン・スタンレーが交渉の表に立つことになった。インヴェストコープが、五〇パーセントの株を取得できるとはっきりするまで匿名で通したい、と主張したからだ。

節操がなく、狡猾《こうかつ》で私利私欲をはかるパオロから最初に攻略すべきだ、とマウリツィオがいった。たった三・三パーセントしか株を所有していないし、家族に一片の忠誠心がないにもかかわらず、パオロは家族内紛劇で主役を演じていた。わずかしかない保有株数でも、自分とほかのメンバーたちとの力のバランスを崩す切り札になる、とパオロはわかっていた。自分が売れば兄弟と父親を傷つけることができる。自分を会社の重要な役職につけることを拒んだことへの復讐だ。パオロはまだ、ＰＧブランドを通してアメリカでビジネスを興す準備を進めており、金を必要としていた。取引にマウリツィオが嚙んでいるかどうか知りたがらなかった――もしくは気にしなかった。モランテはパオロの弁護士、カルロ・ズガンツィーニとルガーノのホテル・スプレンディド・ロイヤルで会う約束をした。マウリツィオはホテルの窓から望遠鏡で会談を見張っていたといわれている。「そんなことを彼がしたはずがないんですが、いまでは伝説となってまことしやかに語られていますね」とモランテはいう。

交渉の席上で、パオロが興すビジネスはグッチのビジネスと競合することはできない、という一項目を弁護士が入れたことにパオロは引っかかった。「パオロの問題に終止符を打ちたいという切なる願いがあったんです」。モランテは振り返っていう。「それを保証したくて入れた項目が、彼の一番敏感なところにふれてしまったんです」

自分の名前でブランドを立ち上げる自由を制限されることに怒り狂ったパオロは、契約書をつかむとびりびりと破り捨て、モルガン・スタンレーの銀行家や弁護士たちの足元に投げつげると足を踏み鳴らして出ていってしまった。モランテはすぐに交渉成立を期待して待ち構えていたマウリツィオに連絡した。

問題が持ち上がったことを伝えると、それまでのうれしそうな顔が一転していきなり狂暴な怒りをあらわした。唇を強く引き結び、青い目は氷のように冷たく光った。「ポール・ディミトルクに、この取引がうまくいかなかったら、一生彼を告訴し続けてやるといいたまえ」。マウリツィオは、驚いて後ずさりするモランテに怒りをぶつけた。

「取引失敗で怒るのはよくわかりましたが、彼にそんなことをいう権利はありません。あのときのマウリツィオはいやなやつでした」。のちにモランテはいった。「彼の裏の一面を見たとわかりました。あの人も根っからの訴訟好きなんですよ」

モランテはなんとかパオロとの交渉を成立させ、四〇〇〇万ドルで株を買い取って一九八七年一〇月にグッチとの取引の最初のハードルを越えた。パオロの弁護士は、インヴェストコープがその年のはじめに買収した高級時計メーカー、ブレゲの五万五〇〇〇ドル相当の腕時計をもらった。譲渡書類に署名をすませて部屋を出ていきながら、弁護士がスワンソンに向かっていった。「権利譲渡や保証書について存分にお話ししてきましたが、今回あなた方の取引を見ていると、まるで中古車を買うみたいに見えますよ。『購買者に責任あり』という札が下がっているようだ」

スワンソンはその言葉にショックを受けた。「どういう意味だろう？　何千万ドルも支払ったというのに、あいつは傷物をつかまされてもそっちの責任だといったんだよ」

パオロが株を売ったことは、グッチの歴史上非常に大きな転換点となった。一族の中では最低の保有株数しかなかったが——グッチ・アメリカ一一・一パーセント、グッチオ・グッチ三・三パーセント、そのほかグッチのフランス、英国、日本、香港の株をいくばくか——経営権を握るのはグッチ一族でなくてはならない、という不可侵の掟をパオロは破った。その決断によって過半数の支配権がマウリツィオとあらたな財務パートナーに渡ったことになり、父と兄弟たちに致命的な一撃を与えた。これでアルドたちには、パオロに続いて株を手渡すか、少数派として会社に残るか、どちらかしか選択肢がなくなった。パオロはアルドたちと組んでマウリツィオと争っていたにもかかわらず、結局父たちへの恨みのほうが深かったために、最後に裏切ることになってしまった。父たちだって裏切ったではないか、と彼は思っていた。

マウリツィオはモルガン・スタンレーとインヴェストコープのおかげでグッチ株の過半数を握った。つぎは、グッチ・アメリカをめぐるアルドとの争いに終止符を打つときがきた。アルドと息子たちは一九八七年七月にデ・ソーレの経営に対して訴訟を起こし、会社の清算を求めていた。

「きみはサラブレッドの競走馬を手に入れて、荷車を引く駄馬に変えてしまったんだ」とアルドはデ・ソーレに非難の手紙を書いた。

だがマウリツィオが役員会の支配権を握ったいま、会社の行き詰まりを理由に解散を請求することはできない。パオロはグッチ・アメリカをめぐる訴訟から手を引いてしまった。

「実に劇的な尋問でしたね」とマウリツィオの代理人をつとめた弁護士のアラン・タトルはいった。ニューヨーク最高裁判所のミリアム・アルトマン裁判長の前で、タトルと弁護団が会社の所有者に変更があったことを告げると、アルドの弁護士が抗議のために飛び上がり、訴訟を棄却する前に時間と情報をくれと裁判長に迫った。アルトマン裁判長はそれまでグッチの訴訟を長年にわたって何件も扱ってきており、アルド側の請求をあっさりと退けた。「私はグッチをめぐる件については隅から隅まで知っています。訴訟にかかった費用の三分の二が弁護士の懐《ふところ》に入っていることもよく承知しています。何が起きたかはもう充分に明解ではありませんか」。そういって木槌を振り下ろした。「あなたがたは裏切られたんですよ」

パオロの持ち分を買い取ったことでマウリツィオは有頂天になり、インヴェストコープと手を組めば、イタリアでの深刻な法律問題など簡単に吹き飛ばせると思うほど楽観的になった。一九八七年一二月一四日、ミラノの予審判事は、ロドルフォの署名を偽造してグッチの株券に書きつけた疑いで、マウリツィオを起訴した。一九八八年四月、告訴が受理された。訴状によれば、マウリツィオは署名偽造だけでなく、脱税と罰金を合わせて三一〇億リラ（およそ二四〇〇万ドル）を政府に支払うように命じられていた。一九八八年一月二五日、クレオール艇購入資金として外貨を不法に持ち込んだ件と、二月二六日にはジュネーブでパオロと契約を交わしたときに二〇〇万ドルの資金を持ち出した件の両方を問われた。しかし七月になって、風がマウリツィオに有利な方向へと吹き出した。マウリツィオの弁護士はミラノの予審判事と交渉して逮捕状の取り下げを認めさせた。彼はイタリアに帰国して訴訟の尋問を受けなくてはならないが、刑務所に行く必要はない。一〇月にマウリツィオはミラノの裁判所に出頭し、ロドルフォの署名を偽造した訴えに対する抗弁を行なった。彼は真っ向から反論し、父の遺言であると主張した。一一月七日、ミラノの裁判所はマウリツィオに父親の遺言を偽造して脱税をはかったと有罪を宣告し、執行猶予つきの一年間の懲役と三一〇億リラの追徴金と罰金を命じた。弁護士はすぐに処分の撤回を求めて控訴し、マウリッツィオが株を過半数握り、裁判所が彼の議決権を回復させたことをもとに、金銭面での合意が成立した。一一月二八日、法律が改訂されてリラの持ち出しが告訴の対象にならなくなったために、フィレンツェの裁判所はマウリッツィオが問われていた外国為替取引法違反を無罪とした。マウリッツィオはこれでやっと訴訟の罠から抜け出られそうだと希望を持った。

まもなくモランテは残った従兄たちの株買い取りに乗り出した。グッチオ・グッチの株を二三・三パーセントずつ持っているロベルトとジョルジョだ。二人はグッチ・アメリカの株も一一・一パーセントずつ所有しており、パオロと同様に海外の営業会社の株も少しずつ持っていた。アルドはグッチ・アメリカの一六・七パーセントを所有しており、加えて海外の会社の株も持っていた。モランテはフィレンツェの弁護士、グラツィアーノ・ビアンキの事務所でロベルト・グッチに会った。モルガン・スタンレーのロンドン支社に勤める投資銀行家だと自己紹介し、ビジネス上の重要な話があると切り出した。その前にビアンキによって、服の上からテープレコーダーを隠していないか身体検査された。ビアンキの重々しい木製の机の前にある、背もたれの高いアンティークの木製の椅子に腰を下ろしたモランテを、ロベルトは立ったまま見下ろした。モランテは単刀直入に切り出した。

「グッチ社の株の所有割合に変化があったことをお知らせします」とモランテはいった。二人の男たちは唖然とした表情で彼を見つめた。「モルガン・スタンレーがパオロ・グッチさんの株を買い取りました」

「ハー、ハハハ」。ビアンキはまるで咳込んでいるような皮肉っぽい笑い声を上げたが、話の内容をある程度予測していたかのように見えた。ロベルトは凍りついたようにその場に立ち尽くした。

モランテは自分がもたらした情報が十分に理解されるまで待った。優雅にモランテのほうに手を差し伸べて、ロベルトに紹介するようにいった。「さあ、こちらが新しい株主さんだよ」

「ロベルト!」。ビアンキのしわがれた声が沈黙を破った。

モランテは話を続けた。「本日こちらにおうかがいしたのは、すでに買い取った株の話をするためではなく、買い取りをこれでやめる意志はないことをお伝えしにまいりました。私どもはいまのところ、匿名をご希望のある国際的金融投資家の代理として今回の件を担当しております。これからも買い取りを進めていくつもりです」。そこで言葉を切って二人の男たちの反応をうかがった。ビアンキの目がきらりと光り、モランテは彼が頭の中ですばやく計算をしているにちがいないと読んだ。ロベルトは呼吸が苦しくなった様子で、別の椅子に座り込み、苦悩の表情を浮かべた。兄の裏切り、マウリツィオが勝利を手にする可能性、自分と一族の将来を思っての苦しみである。

モランテはつぎにプラートに行き、ジョルジョ・グッチの会計士であるアンニバーレ・ヴィスコーミに同じ話をした。それからジョルジョの代理人をつとめている息子のアレッサンドロに会った。モランテは兄弟別々に交渉を進めた。

モルガン・スタンレーは一九八八年三月のはじめにジョルジョとの交渉をまとめ、三月の終わりにロベルトとの合意が成立した。ロベルトはマウリツィオとの最終的な取引材料にするために、二・二パーセントを保持しておこうとした。自分と組めば会社の支配権を握れるという切り札にするためだ。マウリツィオは断った。すでにインヴェストコープと提携している彼には意味がない。

まもなくグッチで大がかりな何かが進行しているという噂が流れた。ジャーナリストたちは毎日のようにグッチに電話をかけてきたし、新聞はグッチの所有構成に変更があったのではないかと推測して書いた。一九八八年四月、モルガン・スタンレーはグッチ社の四七・八パーセントの株をある国際的投資グループが買ったことをあきらかにしたが、その正体は明かさなかった。

一九八八年六月、インヴェストコープが表に出て、モルガン・スタンレーが持っているグッチの「ほぼ五〇パーセントの株」を取得し、ロベルト・グッチと彼が所有する二・二パーセントの株を買い取る合意に達したと発表した。しかしロベルトはマウリツィオから申し出を断られる翌年の三月まで、所有株を手放そうとしなかった。一連の出来事はロベルトにとって苦い経験で、その後も彼の傷はいえなかった。「母親を亡くしたときのようだった」とのちにロベルトは語った。

インヴェストコープはアルドが所有しているグッチ・アメリカの一六・七パーセントの株を取得して、全体の保有株数を五〇パーセントにしなくてはならない。ポール・ディミトルクはモランテに電話をかけた。「アルドとの最終交渉に入るときがきた」

一九八九年一月、モランテはコンコルドでニューヨークに飛び、五番街のグッチの店からほど近いところにあるアルドのマンションを訪ねた。グッチの上級管理職のオフィスから閉め出されたのち、彼は自分のマンションを事務所にして人と会っていた。モランテが午後の遅い時間に到着すると、アルドはみずからドアを開けて品よく飾りつけられた客室に礼儀正しくモランテを案内した。

それからアルドは一人でしゃべりまくった。自分の半生、グッチの歴史、ビジネスの移り変わり……モランテはアルドが話し上手で、実に魅力的な人間であると認めざるをえなかった。人の関心をそらさず、飽きさせず、おもしろおかしく話し続け、夜も遅い時間になった。

やっと話が途切れ、彼はモランテの目をのぞきこんだ。「さて、きみがやってきた目的の話をしようか」

アルドには、株を売るしかもう道はないとわかっていた。株を生前贈与した息子たちはすでにグッチの株主ではなくなっている。彼もそれに続くしかない。グッチ・アメリカの一六・七パーセントだけしか保有していないのでは、アルドはもはや会社の業務に権限をふるうことはできない。突然それまでの礼儀正しさが消えて、彼は怒りをあらわにした。「今回の件にあのバカな甥がかかわっていないことだけは確かめておきたいね」。アルドは激しい口調でいった。「あいつが勝てば、私がこれまで作ってきたすべてが御破算になる。まだマウリツィオのことは気にかけているよ。われわれの間に起こったことと関係なくね。だが警告しておく。あいつはグッチを任せられる器ではない。あいつには会社を発展させることはできない！」

モランテはこの取引はあくまでも国際的投資組織からの依頼だとアルドを安心させ、その上、数年間は名誉顧問の肩書きでビジネスにかかわってもらいたいものだと彼を喜ばせるようなことをいった。

「勝負に負け、交渉の余地はないとわかっていたが、誇りを守り、グッチのビジネスで何らかの役割を果たすことが、それこそ生きるか死ぬかくらい彼にとっては重要だったのです」。モランテはのちにいった。「すべてを売り払ってしまったら、この人は死んでしまうのではないかと胸がいっぱいになりました。自分の身体が引き裂かれるほどの辛さだったのですよ。この期《ご》に及んでも、まだ息子たちがやったことを深く恨んでいました。息子たちに株を譲渡したばかりに、何もかも失うはめになったんです」

一九八九年四月、インヴェストコープはリック・スワンソンをジュネーブに派遣し、アルドとの取引をまとめさせた。株の買い取りには結局一八カ月かかり、投資銀行の歴史でもまれなほど長く、複雑で、極秘を要した取引となった。

インヴェストコープによるグッチ社の五〇パーセントの株取得は、家族経営企業の歴史にあらたな転換点を記した。グッチオ・グッチが興した小さな店から始まったビジネスは、いま家族以外の企業が半分を所有している。何よりも重要なことは、インヴェストコープが一個人ではなく、投資家たちに収益を配分することを目的にし、私情をはさまず経営される金融組織であることだ。ほかの多くの金融機関よりも、はるかに忍耐強くグッチの事情に理解があることは、今回の件で証明されてはいるが。

アルドとの最後の会合はジュネーブの弁護士事務所で行われた。インヴェストコープの人間たちは、この取引が本当に終わるのかとその期に及んでも半信半疑だった。不安で落ち着かない彼らは、最悪のシナリオも考慮に入れていた。アルドの銀行口座に金を振り込んだのに、彼と弁護士が株券をつかんで逃げてしまったらどうする？

インヴェストコープの社員たちが会議室のテーブルの片側にずらりと並んで座り、アルドと弁護士たちがもう一方の側に座った。全員が銀行から手続きが終了したと報せる電話がかかってくるのを待っていた。

「奇妙な光景でした。交渉はすべて終わり、署名もすべてすませ、もう話すことは何もなくなった私たちは黙って座って電話が鳴るのを待っていたんです」。スワンソンは当時を思い出していった。

ついに電話が鳴って、全員が飛び上がった。スワンソンが受話器を取った。「電話を切って、大丈夫です、お金は無事振り込まれましたというと、アルドが前に身体を乗り出して株券を取りながら椅子から立ち上がろうとしたところで、われわれの弁護士が株券に突進しました。それほど心配でたまらなかったんですよ」

アルドはびっくりして株券を手にしたまま目を丸くした。立ち上がってポール・ディミトルクのところに行くと、芝居がかった堂々としたしぐさで株券を渡した。

「グッチ家の人たちは役者ぞろいでした。あせってみっともないところを見せたりしないんです」。スワンソンはいう。シャンパンが抜かれて緊張がほぐれ、アルドが築き上げたものを引き継ぐ、とディミトルクが短いスピーチをした。そしてアルドも涙を流しながら声を詰まらせてスピーチをした。「悲しい光景でした」とスワンソンはいった。

アルドが働いて築いてきたすべてが他人の手に渡ろうとしている。八四歳の彼は、息子に続いてグッチから出ていき、手塩にかけた帝国を金融機関に渡した。

「すべてが終わったとき、そこに全員が言葉もなく立ち尽くしていました。ぎこちない沈黙が続きました」。スワンソンはいった。やがてアルドはカシミアのコートをはおってフェドーラ帽をかぶった。顧問役をつとめた人たちもコートを着た。握手を交わして寒いジュネーブの夜に出ていこうとした。三〇秒後、アルドが戻ってきた。タクシーがまだ来ていなかったのだ。最後の最後まで屈辱的だった。

二日後、アルドはスワンソンにジュネーブまでの旅費と宿泊費の請求書を送ってきた。「グッチらしいですよね」。スワンソンは笑った。

10 アメリカ人たち

AMERICANS

一九八九年六月のあたたかい朝、マウリツィオはバーグドルフ・グッドマン社長のドーン・メローを、特別に予約したニューヨークのホテル・ピエールのスイートルームに迎えた。

「メローさん！　お会いできてたいへんうれしいです」。大げさなしぐさで歓迎して部屋に招きいれ、長椅子にかけるように勧めたあと、自分は左側にある肘掛けつきの椅子に座った。何週間にもわたって彼はメローに電話をかけ続けていたが、彼女は一週間前まで一度もかけ直してこなかった。マウリツィオはグッチにかける自分の夢の実現をメローに手伝ってもらいたかった。「親戚たちがブランドを台無しにしてしまいましたが、私はもとの姿に戻したいのです」と彼は始めた。メローはほんのわずかしか訛《なま》りのない彼の流暢な英語に感心しながら、じっと耳を傾けた。

ドーン・メローは、経営がずさんでもはや死に体だと酷評されたほどのバーグドルフ・グッドマンを再建したことで、アメリカ小売業界のスターと称《たた》えられた人物である。マウリツィオは彼女を引き抜くのはむずかしいと知っていたが、それでも挑戦した。

五番街五七番通りと五八番通りの間、西側にあるバーグドルフ・グッドマンは、一九〇一年にエドウィン・グッドマンとハーマン・バーグドルフという二人の商人が開業した。長年にわたって店は世界でも一、二を争うエレガントな女性向けの高級デパートという評判を得てきたが、七〇年代の半ばにしだいにその名声に翳《かげ》りが出てきた。グッドマンの息子のアンドリューが、一九七二年にカーター・ホウリー・ヘイルという三者のパートナーシップに店を売却した。衰退を押しとどめるために、一九七五年にアイラ・ニーマークというB・アルトマンの上級管理職にあった人物を雇った。彼は一七歳でボンウィット・テラーのドアボーイからキャリアをスタートし、管理職まで出世した凄腕の小売業者で、ドーン・メローを自分の片腕として連れてきた。

「バーグドルフ・グッドマンは所有者とともに年老いていってしまった観がありました」とメローは当時を思い出す。「顧客の平均年齢は六〇代で非常に保守的でした。埃《ほこり》をかぶった店というイメージがあって、フランスやアメリカのデザイナーたちは商品を置きたがりませんでした」

メローはB・アルトマンのファッション担当部長としての経験から、フェンディ、ミッソーニ、クリツィア、バジーレといったイタリアのデザイナーたちが注目を集め始めているのを知っていた。当時若手だったジャンニ・ベルサーチェは、北イタリアのアパレル・メーカー「ザマスポルト」のカッラガンというブランドでデザインを担当し、めきめき頭角をあらわしていた。

「そこで私たちはイタリアのコレクションを買い始めました」とメローはいった。同時にバーグドルフ・グッドマンの内部を改装し、贅沢だが家庭的なあたたかみを感じさせる内装にした。一九八一年までに、バーグドルフ・グッドマンにはイヴ・サンローランやシャネルにはじまり、フランスとイタリアの有名デザイナー・ブランドがほぼ全部そろうようになった。この店の淡い藤紫色の紙袋を提《さ》げているだけでステータスシンボルになるほどで、社交界の重鎮からロック・スターや王女までみなこぞって持ち歩いた。九〇年代のはじめ、イヴ・サンローランが落ち目になってくると、バーグドルフ・グッドマンは大胆にもこのブランドを外した。これはデパートがどれほど大きな力を持つようになったかを証明する事件となった。「ニューヨークを代表するものといえば、ニューヨーク・シティ・バレエ、メトロポリタン・オペラ、ニューヨーク証券取引所、マディソン・スクエア・ガーデン、近代美術館（MoMA）、そしてバーグドルフ・グッドマンである」と一九八五年に〈タウン&カウントリー〉誌は書いた。

マウリツィオがメローに期待したのは、かつてバーグドルフ・グッドマンをよみがえらせたように、グッチに栄光の日々を取り戻すことだ。何年も前にアルドは、メローこそ実業家としてのセンスとファッション・センスの両方を兼ねそなえたグッチにふさわしい人物だと認め、グッチで働かないかと何回か声をかけたがそのたびに彼女は断ってきた。

マウリツィオは一九八九年五月の終わりからメローに電話をかけ始めた。ちょうどグッチの持株の差し押さえが解けたときで、インヴェストコープのおかげで、一九八九年五月二七日にあらためて満場一致でグッチの会長に選ばれていた。メローは電話をかけ直してこず、ついにマウリツィオは、メローとも知り合いのウォールストリートの小売業を専門にするアナリスト、ウォルター・ローブに頼んで電話をしてもらった。

「マウリツィオ・グッチがどうしてもきみと話したいそうだよ」とローブはメローにいった。「どうして電話してやらないんだ?」

「興味ないのよ」とメローは答えた。「私はバーグドルフ・グッドマンを愛しているの。辞めたくないわ。私が手伝えるようなことはないわよ」。一九八三年に彼女は社長に昇進し、役職にふさわしい恩恵を享受していた。五番街にある完璧なオフィスのはめごろしの窓からはセントラル・パークが見渡せる。三四年間小売業界で働いてきたメローは、アメリカの高級小売業界で頂点をきわめていた。いまさらイタリアのビジネスマンのためにその地位を捨てるつもりはさらさらなかった——たとえその名前がグッチだったとしても。

メローはマサチューセッツ州、ボストンの北にあるリンという小さな工業町に生まれた。子どものころから服が大好きで、デザイナーを志してボストンの専門学校で学んだが、自動車事故で手を怪我したために断念せざるをえず、二〇歳になる前ニューヨークでモデルの仕事を始めた。魅力的な顔立ちと一八〇センチ以上の上背がある恵まれたスタイルで人気を集めたにもかかわらず、モデル業がまったくおもしろくなかった。もっと別のことがやりたい。そこでチェーン店を展開しているある小売業に飛び込んだ。メローはいう。

「給料は低く、貯金はほとんどできなかったけれど、まさにこれが自分のやりたい仕事だと実感していました」

メローはつぎにB・アルトマンの研修部門に転職し、つぎのステップに踏み出す機会をうかがっていた。入社した一九五五年に、ファッション誌〈グラマー〉の前編集長で、有能で魅力的なベティ・ドルソがファッション担当部長に就任した。以前に雑誌のカヴァーガールだったメローを、ドルソは自分のアシスタントに抜擢《ばってき》した。メローがはじめてヨーロッパのファッションにふれたのは、ドルソがパリの高級注文仕立服《オートクチュール》のコレクションから持ち帰ったドレスで、B・アルトマンでは七番街のアパレル・メーカーにコピー品を作らせていた。当時バレンシアガ、イヴ・サンローラン、ピエール・バルマン、ニナ・リッチといったフランスのオートクチュール・デザイナーは、パリでコレクションを開いてかぎられた顧客に見せていたが、既製服のデザイナーはまだ出てきていなかった。「クチュリエと呼ばれる高級注文仕立服デザイナーとアパレル・メーカーとの間には越えようがないほどのギャップがありました」とメローは当時を振り返る。

一九六〇年、メイ・デパートメント・ストアーズ・カンパニーにファッション担当部長として雇われたメローは、一一年間で総合商品部長から副社長まで出世していった。そして彼女はリー・アブラハムというその会社の社長と恋に落ち、結婚した。

「そこで会社を去るか、残って夫のために働くかを選ばなくてはならなかったんです」と残念そうに彼女はいった。アイラ・ネイマークが一九七一年、彼女をファッション担当部長としてB・アルトマンに再び迎え入れた。ネイマークはメイ・カンパニーの仕事もしていて、彼女の仕事ぶりもよく知っていた。二人は息がぴったりとあい、つぎつぎと仕事を成功させていった。彼は商売の才能に恵まれており、彼女は創造力があってファッションのセンスが抜群で、彼はそこを買っていた。「あの二人は無敵でしたね」とニーマン・マーカスの副社長でファッションを担当するジョーン・ケイナーはいう。

メローは小売業界において、高い地位についた女性としてだけでなく、クリエイティビティとファッションを切り口に、ビジネスを考える手腕を持っているという点でも際立った存在だった。デザイナーや小売業界ばかりでなく、一流ファッション誌のライターや編集者にも圧倒的な影響力を持っていた。

「グッチは初期のころのイメージを取り戻さなければなりません」。マウリツィオはメローが長椅子に腰掛けると切り出した。「近年、グッチはかつての輝きを失っています。私は六〇年代から七〇年代にかけてこのブランドが持っていた魅力を復活させたいのです。消費者にもう一度グッチに確かな信頼を寄せてもらいたいのです。創業時の興奮を再現したいのです」

マウリツィオの穏やかだが熱のこもった、そしてポイントを押さえた話し振りに、最初は気乗りしない様子だったメローが、しだいに身を乗り出してきた。鳴り続ける携帯電話も、メモを取ろうと広げたノートも、セントラル・パークを見下ろすオフィスも消えていった。そしてある瞬間、彼女にはグッチの若き会長が望んでいることがひらめいた。グッチの名前があまりにも安っぽくなってしまったことを嘆いているのだ。キャンバス地にGを重ねたロゴが入ったハンドバッグはそこいら中にあふれている。一九八〇年代が終わるころ、グッチのスニーカーは麻薬密売人のステータスシンボルになっていた。ラッパーはグッチを題材にしたラップでヒットを飛ばしていた。マウリツィオはそんなイメージを一掃し、新規蒔き直しをしてグッチが一流のクオリティとスタイルの象徴だった栄光を取り戻したいと願っている。

「グッチが頂点にあったときを知っている人が必要なのです。あのころに戻れると信じさせる人が欲しい。そしてビジネスを知っている人が欲しい。だからあなたしかいません。私はあなたを必要としています」。マウリツィオはメローの目をまっすぐにのぞきこんだ。

ホテル・ピエールを出たとき、すでに時計は午後二時半を過ぎており、六月にはめずらしい暑い日差しの中で彼女の頭は忙しく回っていた。会議を欠席してしまったが、それを気にしていない自分に驚いていた。

「人生が変わったことを感じました」と彼女はいった。マウリツィオは新生グッチを作るのに手を貸してほしいといった。

マウリツィオがメローを口説いているという噂がニューヨーク中でささやかれるようになるまでたいして時間はかからず、ドメニコ・デ・ソーレは会社の部下やニューヨークのファッション小売業界の人たちからさかんにその噂は本当なのかと質問された。デ・ソーレにマウリツィオは、メローのことを打ち明けなかったばかりか、デ・ソーレがわざわざ電話をかけて聞いてきたときにはそれを否定した。デ・ソーレは律義にも、噂はでたらめだとスタッフたちに伝えた。ところがすぐに噂が本当だったことが証明され、自分が蚊帳《かや》の外に置かれていたとわかった。

その仕打ちに逆上したデ・ソーレは、辞めると息巻いた。いつだってワシントンDCの法律事務所に戻ってやる。だがマウリツィオは辞任を認めず、引き続きグッチ・アメリカの指揮をとってもらいたいと頼んだ。

「マウリツィオとの関係は、彼がのびのびと権力をふるいだして変わったことを理解することが重要でした」とデ・ソーレは当時を思い出していう。「彼はそれまでずっと誰かに頭を押さえつけられてきました。最初は父親に、つぎは妻に、そして親戚たちは彼をついに亡命させるところまで追い込みました。インヴェストコープとドーン・メローたちは彼にあふれるほど賛辞を捧げて、盛り立ててくれました。彼は向かうところ敵なしという心境になったのでしょう。一方、彼にとって私は煙《けむ》たい存在でした。私はアルドとの闘いに勝った英雄でしたからね。それに弁護士でしたし。彼のことを尊敬はしましたが、恐れも怯えもしませんでした。彼に頭を下げないのは私だけでしたよ。『量販をやめよう』と彼がいったら、『本当にいいのかい？　量販品はグッチの商売を支えている。それで金が回っていくのかな？』と反対しました。彼にはお金の意味がぜんぜんわかっていなかった」

デ・ソーレはグッチ・アメリカの地位を守り、ドーン・メローは一九八九年一〇月にイタリアに渡ってグッチのクリエイティブ・ディレクターに就任した。それまでの二倍の給料と、ニューヨークとミラノに高級マンションを与えられ、ヨーロッパとアメリカをコンコルドで往復する旅費や私用の車と運転手の支給など、一〇〇万ドル以上の特別手当もついていた。メローがグッチに入ったというニュースは、ニューヨークのファッション界に大きな波紋を投げかけた。

「グッチがみずから乗り出して、実力あるアメリカ女性を雇ったということは注目に値しました」。サックス・フィフス・アヴェニューの上級副社長で総合商品企画部長のゲイル・ピサーノはいう。

ニューヨークの華やかな地位を捨てて、常識の通じない、何をするかわからないグッチ家に入っていくなんて、メローはどうかしているんじゃないかと考える人もいた。

「彼女が手を貸したって、いまさらどうなるってもんじゃないよ」と〈タイム〉誌のインタビューで、あるニューヨークの小売業のトップがいった。「グッチはとっくに終わっている」

メローがグッチに移ったことは、八〇年代の終わりから九〇年代のはじめにかけて、ヨーロッパのデザイナー・ブランドがアメリカと英国のデザイナーたちを起用するようになったのと同じ流れの中にある。英国の若い二人のデザイナー、アラン・クリーヴァーとキース・ヴァーティーはアドリア海沿岸にある都市、アンコーナにあるジェニーグループが展開しているイタリアの人気ブランド、ビブロスのデザイナーとしてこのときすでに起用されており、楽しいトレンディなスタイルをデザインしていた。九〇年代に入ると、アメリカのデザイナー、レベッカ・モーゼスがジェニーの基幹ブランドに、また数年後には英国のリチャード・タイラーがクリーヴァーとヴァーティーに代わってビブロスの専任デザイナーとなった。同じくアドリア海沿岸のカットーリカに本拠を置くジェラーニ一族は、アメリカのデザイナー、マーク・ジェイコブスとアナ・スイと契約し、フェラガモはアパレル部門の強化のためにスティーヴン・スローウィックと手を組んだ。プラダ、ベルサーチェ、アルマーニやほかのデザイナー・ブランドは、こっそりアメリカや英国のデザイン学校の卒業生をスカウトしていたし、ベルギーのデザイン学校にもやがて注目が集まった。

メローが入ったことで、グッチには若い才能が集まりだした。メローは、ニューヨークのジェフリー・ビーンで買い付けとアクセサリーを担当して活躍し、以前にはバーニーズで製品開発の仕事をした経験があるデザイナーのリチャード・ランバートソンを雇った。またカルバン・クラインで張りきって働いていたデヴィッド・バンバーも、ある日メローから電話をもらった。彼はグッチでクリエイティブ・サービス・ディレクターとして働いた。

だが一方、メローの入社はグッチ社内に大きな動揺を引き起こした。いかにも彼らしいのだが、マウリツィオはグッチの従業員にメローがやってくることをひと言も知らせなかった。とくにアパレル部門のデザインを管轄していたブレンダ・アザリオに前もっていっておかなかったことが大きな問題を引き起こした。マウリツィオがスイスで逃亡生活を送っている間、アザリオはグッチのコレクションのすべてをまとめ、強い精神力と決断力でむずかしい責務を果たした。それなのにメローがやってきた日、アザリオは涙を流して去っていくはめとなった。

「ドーン・メローがアメリカ人で言葉が通じないというのはたいした問題ではなかったんです」とリタ・チミーノはいう。「マウリツィオが彼女を紹介したやり方がね。というより、紹介しなかったことが問題でした。そればかりか、社員にはひと言の相談もなく、製品や素材供給者にメローを会いにいかせて、私たちは社外の人たちからメローの入社を聞いたんですよ。不愉快でした」

社内から不満の声が高まってきたところで、マウリツィオはやっと全従業員をフィレンツェに集めてメローを紹介したが、社内の不信と不満はおさまらなかった。だが、メローを引き抜いたことに有頂天のマウリツィオは、意に介さなかった。グッチ製品を長年にわたって作ってきた製造業者たちにメローを引き合わせるためにみずから赴き、皮革やなめしやバッグの製造方法について彼女に教えた。彼女は彼からグッチの伝統と起源を教わった。

タフなニューヨークの小売業界でのし上がってきたメローは、グッチ従業員の非難と疑惑の視線くらいではめげなかった。彼女にはマウリツィオから与えられた使命があり、グッチを再生したいという彼の夢をかなえられる自信があった。だから腕まくりして仕事に取りかかった。

「最初にやらなくてはならなかったのは、会社を理解することでした」と彼女は当時を振り返る。「歴史的価値のあるものの多くが失われ、またレベルの低い人たちが重要な仕事を任されていました」。社内の士気の落ち込みははなはだしかった、と彼女はいう。「フィレンツェで働く人たちに、われわれが何を欲しているかを理解させるのに長い時間がかかりました。いったん事が始まってしまうと、あの人たちの働きぶりはすばらしかったけれど」

マウリツィオは新しいチームが気に入っていた。ドーン・メローに加えて、ニューヨークでクリツィアのPR部長をしていたピラール・クレスピを渉外担当部長に任命した。ベネトンにいたカルロ・ブオーラは財務と総務を担当する上級副社長に任命された。一九九〇年、マウリツィオはアンドレア・モランテをグッチの専務取締役に任命した。モランテはいまやマウリツィオにとって英雄である。一九八九年にモルガン・スタンレーをやめたあと、モランテはグッチの株買い取りでの働きぶりに感銘を受けたキルダールの招きでインヴェストコープに入社し、あらたな投資物件を監督していた。キルダールには彼を自社に雇うもう一つの目的があった。ポール・ディミトルクとマウリツィオの関係が、公明正大であるべきビジネス上のつきあいを外れて親密になりすぎ、マウリツィオに惚れ込んでしまったディミトルクが、インヴェストコープよりグッチに強い忠誠を持つようになった。ポール・ディミトルクの写真が一九八九年に〈フィナンシャル・タイムズ〉に掲載され、インヴェストコープの役員がグッチの副社長に任命されたと書いてある記事を見たキルダールは、彼をグッチの担当からはずし、ディミトルクとマウリツィオの両方から抗議されたにもかかわらず、モランテを代わりに担当にした。その決断を不服としたディミトルクは一九九〇年九月にインヴェストコープを辞めた。

「ネミールは、担当としてグッチをよく知っている人物を望んでいたが、愛してしまうのは困ると思っていた」とモランテはいう。「そろそろ環境を変えたいと思っていたところだったので、喜んでインヴェストコープのオファーを受けた」

インヴェストコープはモランテに断るはずがないほどの好条件を提示した。上級管理職の地位と、マウリツィオと二人三脚で仕事をすることだ。「自社の管理職を投資先の会社の経営にたずさわらせることは、インヴェストコープでは例外的なことでした」とモランテはいう。ミラノに行ってマウリツィオが集めてきた新しいチームの人材の雇用を担当し、営業と事務を再編成する仕事にかかわった。また日本でグッチのフランチャイズを再び展開する交渉の地ならしをし、営業と流通のシステムを整えることにも尽力した。二人の男たちは強力なコンビとなり、当然ながらモランテはマウリツィオの夢にすっかり引き込まれた。ネミール・キルダールがモランテの忠誠心を疑いだすのは時間の問題だった。

「私もまたグッチに恋をしてしまったのはあきらかでした。ネミールは、私があまりにもマウリツィオ・グッチ寄りになりすぎていると思っていました」とモランテはいう。

一九九〇年一月にバーレーンで開かれたインヴェストコープの年次経営総会で、キルダールはモランテを自分のオフィスに呼んだ。インヴェストコープでの魅力的な新しい仕事を提案するためだ。キルダールは言った。ニューヨークでサックス・フィフス・アヴェニューの買収に取りかかってくれたまえ。何かまずいことでもあるかね？ 翌日にもさっそくニューヨークに飛ぶように。

モランテは目を上げて、キルダールの背後にある窓から屋外を見た。息を呑むほど美しい海と砂漠が広がっている。「私の気持ちは千々に乱れました」。モランテはいった。「私を頼りにしてくれている人たちの顔を思い浮かべました。ドーン・メロー、カルロ・

ブオーラ、そのほかわれわれが話をし、声をかけてマウリッツィオのチームに加わってもらった人たちです」。いま自分が置かれている状況を説明し、キルダールに六〇日間待ってほしいと頼んだ。

キルダールは厳しい視線をモランテに注いだ。「わかってないようだな、アンドレア。二四時間で発《た》てといったんだよ。きみが誰に忠誠を誓っているのかを証明する唯一の機会だ。きみがインヴェストコープの兵士であることを私に示してくれ」

「二四時間では無理です」。動揺してモランテは答えた。

キルダールは黙って彼を見つめ、立ち上がると彼のほうにやってきて、腕を広げると感情を込めずに彼を抱きしめた。

「それが彼流のお別れでした」。モランテはいった。

モランテはミラノにいるマウリッツィオに電話をかけてこの知らせを伝え、彼はすぐにモランテをグッチで雇った。自分が集めた新しいチームに有頂天になったマウリッツィオは、「私の楽しい銃士たち」と呼んで喜びをあらわにした。

11 裁かれる日

A DAY IN COURT

一九八九年一二月六日朝、マウリツィオは二人の弁護士を両側に従えて階段を上がり、ミラノの裁判所に入っていった。三人はミラノ控訴院のルイージ・マリア・グイッチャルディ裁判長と向きあう最前列に座った。マウリツィオの隣には、ミラノでトップクラスの刑事事件専門弁護士、ヴィットリオ・ダイエッロが座った。左側には民事事件専門の弁護士、ジョヴァンニ・パンツァリーニが座り、精神を集中するために半眼になっていた。マウリツィオはグレイのダブルのスーツを着て静かに座っており、手をきつく組んでいた。グイッチャルディの入廷を告げるブザーが鳴ると、三人はかすかに身体をこわばらせて立ち上がった。裁判長の椅子に腰かけると、グイッチャルディは判決を読み上げた。「イタリア人民の名において、ミラノ控訴院は……」

　マウリツィオは神経質に眼鏡を押し上げ、歯を食いしばった。つぎの言葉によって、法律的な問題がきれいに片づいてしまうか、それとも経歴にぬぐいされない汚点を残し、重い追徴税がのしかかってくるかが決まる。父の署名を偽造した罪で一年ほど前に有罪判決を受けたとき、比較的傷が浅くてすんだにもかかわらず――執行猶予がつき、犯罪歴は残らない――控訴した。控訴院の判決は彼への疑いを晴らす最後のチャンスとなる。マウリツィオは息を止め、裁判長のローブの飾り紐をじっと見つめた。

「……下級裁判所による判決を訂正し、マウリツィオ・グッチを全面無罪とする」

　荒天のあとに射し込む一条の光のように、裁判長のそのひと言がマウリツィオの頭の中で輝いた。勝った！　親戚からのすべての法律的攻撃から免れただけではなく、二年半前に赤いカワサキでミラノから逃げ出して以来失われていた名誉を彼は回復した。マウリツィオはダイエッロに抱きついて涙を流した。インヴェストコープの人たちも判決に喜びほっとした。細かいことは知りたくない。必ず裁判に勝ってみせるという約束を果たしたものの、勝てたのは奇跡に思えた。だがインヴェストコープの役員の中には、数週間前にすでにマウリツィオは判決を予測して自信満々だったと指摘して、判決の裏で何か工作されたのではないか、というものもいた。

　イタリアの司法界でも判決に仰天する人が少なからずいた。株譲渡の書類に記されたサインはアシスタントだったリリアーナ・コロンボによる偽造である、というロドルフォの秘書だったロベルタ・カッソルの証言があり、筆跡鑑定でもそれがほぼ確かめられたというのにそれは無視された。判決に激しく異議を唱えた政府弁護人のドメニコ・サルヴェミーニは、キャリアを棒に振りそうになった。のちに彼は「ときには誤った判決が下されることもある。それが人生だ」といった。

マウリツィオは勝利に酔い、グッチ再生の仕事にいっそう力を注いだ。メローと助手をつとめるリチャード・ランバートソンをフィレンツェ郊外のあちこちに点在する製造業者のところに連れていった。マウリツィオはランバートソンが気に入り、フィレンツェの工場にじきじきに紹介し、皮革について手取り足取り教えた。

「フィレンツェの工場に私を連れていくと、リチャードならば大丈夫だ、と業者を信頼させてくれました。鞄のコレクションのために一週間工場に詰めっぱなしだったこともありますよ」。ランバートソンは当時のことを思い出す。「マウリツィオは狂信的なほどこだわりがありました。こまかいところまで何もかも完璧じゃなくちゃいけなかったんです。金属部分を一新し、バッグの留め金にGGのイニシャルを作りました」

メローとランバートソンはグッチ製品を作っている製造業者を訪れ、彼らの信頼を勝ち取って、イタリア式ビジネスのやり方を学んだ。グッチ製品の多くはでたらめに値段がつけられていると二人は知った。たとえばシルクのスカーフは、ていねいにひと針ずつ縫われたハンドバッグよりも高かったりする。いい加減な価格設定の理由の一つが、分のいい仕事をもらえるよう地元業者がグッチの社員に賄賂《わいろ》を贈り、キックバックを受け取っているからだとわかった。

メローは飛び込んだ新しい世界で納得のいかないことが多々あった。一つには、夜になると賄賂を示唆《しさ》するような匿名の電話に悩まされたことだ。「私がすべての事情に通じていたわけではありませんでしたが、いま必要なのはきっぱり決断を下すことだというのははっきりしていました」。そこでマウリツィオに自分が見聞きしたことを伝えた。マウリツィオもその体質を変えるべきだと同意はしたが、例のごとく彼はやるべきことをさっさと実行に移さなかった。

メローはそのうち、フィレンツェの製造業者たちにとって、グッチはまるで女王蜂のような存在だと気づいた。たいせつに扱い、一生懸命尽くし、ときには理不尽な要求にもおとなしく従う。そうやって彼らはグッチから恩恵を受ける。職人たちの間では、グッチにバッグを供給している業者がときどき一つか二つバッグを横流しして小遣いを稼いでいることは有名で、それも見て見ぬふりをされる役得の一つだった。

「グッチはフィレンツェの人たちにとってアイコンのような存在なのです」。メローはいった。「誰もがぜがひにもほしいブランドで、単なる商品ではない。アイコンとして所有したいという気持ちの強さは外部のものにはなかなかわからないでしょうね」

失われてしまった商品のカタログを作るために、古い整理されていない写真やサンプルを見つけ出し、年代順に並べて資料集を作ろうとした。すでに昔のファッションの掘り出しものがたくさん売られているロンドンのフリーマーケットで何点か見つけ出していた。英国の若い女の子たちはグッチの男物のローファーを買い漁っていた。

「自分たちがはくために女の子たちは男物のローファーを買っていたのね」。メローはいう。彼女とランバートソンはそれにヒントを得て女物のローファーをもっとスポーティーに、もっと今風に作り直した。「女物の靴の形を男物に近くしたんです。甲の部分から爪先にかけて高くした、スエードのローファーを一六色そろえました」

ある日メローとランバートソンは、一九六〇年代にグッチに宝飾品を作って納めていた製造業者を、フィレンツェ郊外の丘陵地帯で探し出した。教えられた家に行ってみると、しわだらけの老人が小さな銀細工の工房に座って、石炭ストーブの前で火をかきたてていた。二人がやってきた目的を話すと、老人の目がきらりと輝いた。小型金庫のところに行くと、中の引出しから、昔自分がグッチのために作った宝飾品をつぎつぎと取り出した。

「床に座った私たちは、目の前に並べられていく宝飾品に圧倒される想いでため息をつきました」とメローはいう。「すばらしかったわ。作った費用の五倍以上ですぐにも売ることができたはずなのに、いつかきっと誰かがブランドを再建するときに役立つはずだとしまっておいた、と話してくれたの」。すぐに彼女は老人をグッチの製造業者とした。「過去にグッチがどんな財産を築いてきたか、そのときやっと理解し始めたんです」

また有名なモデル0063という、持ち手がバンブーのバッグにも目を向けた。もっと使いやすくするためにサイズをひとまわり大きくし、取り外しのきく革のショルダーストラップもつけ、子牛革は八九五ドル、クロコダイル革は八〇〇〇ドルで販売することにした。秋にはサテン、キッド革とスエードの小型バンブーバッグを、定番のブラックやネイビーに加えて、あざやかなピンクやイエローなど七色をそろえて売り出した。

メローはまた、グッチの中で最初にプラダの発展を真剣に受け止めた人物だった。プラダは八〇年代に勢いのあるブランドとなり、ファッション関係者の間に少数ながら熱心な信奉者を集めていた。一九七八年、ミウッチャ・プラダはパラシュート素材を使ったまったく新しいナイロンバッグを作り出した。バッグといえば革製でかっちりとした箱型のものを指していたその時代に、単純だが画期的なアイデアだった。一九八六年ジョルジョ・グッチとその二番目の妻、マリア・ピア（パオロが辞めたあと、製品開発で手腕をふるっていた）が管轄するグッチのデザイン部門で働いていたある若い女性が、プラダのナイロンバッグをサンプルとしてデザイン会議にかけたことがあった。

「プラダはミラノのファッション界で注目のブランドになりつつありました」とクラウディオ・デッリノチェンティが当時を振り返っていう。彼はそのころ、ギフト用商品開発と現場での生産調整の指揮をとるためにマウリツィオに雇われたところだった。やわらかなナイロン素材で作られたバッグは、所詮ミラノの商売人が作っているつまらない製品にすぎないと一蹴された。グッチが作るしっかりした作りの洗練された革バッグの足元にも及ばない。

「そんなバッグを作るのは一考にも価しないとされたんです」。デッリノチェンティはいう。「ソフトなバッグの製造を、グッチが真剣に考えるようになるのはそれから数年後でした。そしてそのときになっても、まだ内部で反対意見があったんです。固い革バッグを使い慣れた顧客にどう売るかがわからなかったんです」

メローは、グッチの伝統を復活させることと、最新のファッション・トレンドを採り入れることのバランスをとらなくてはならなかった。そこでスーツケースの中に丸めて入れることができるソフトなハンドバッグが欲しい、という女性たちの声に応えて、若いころに自分が愛用したホーボーバッグを復活させることにした。一九七五年以来販売されていない、たくさんものが入る袋形のしなやかなバッグである。だが、グッチの新商品はファッション界から無視された。そのころファッション界の話題は、ジョルジオ・アルマーニやヴァレンティノ、ジャンニ・ベルサーチェといった大物デザイナーたちが開く華やかなファッションショーや大がかりなパーティーにばかり集中していたからだ。「これは大問題でした」とメローはいう。「誰一人私たちのコレクションを見に来てくれませんでした」。一九九〇年春、フィレンツェのヴィッラ・コーラ・ホテルで開かれたメローの最初の展示会は、トップクラスのメディアには取り上げてもらえなかった。そこで彼女は秘書に命じて、ニューヨークで影響力を持つファッション誌の編集著たちに片っ端から電話をかけさせ、靴のサイズを調べさせた。そして考えつくかぎりの人たち全員に、グッチの新作ローファーを送ったのだ。「そうやって彼らの心をつかみました」。満足げな笑みを浮かべてメローはいった。

一九九〇年一月までに、マウリツィオは顧客であるアメリカの小売店六六五店に、グッチ・アクセサリーズ・コレクションが卸《おろ》しているキャンバス地のバッグの販売を中止し、デパートへの卸売り事業をやめると通達した。予想していたとおりの反応がただちに起こった。主要デパートの役員たちから抗議の声が押し寄せたが、マウリツィオは妥協しなかった。ドメニコ・デ・ソーレはキャンバス地の製品がアメリカにおけるグッチのビジネスの屋台骨であるとわかっていたので、なんとか説得しようとした。およそ一億ドルの収益を上げているのだ。デ・ソーレは、マウリツィオの計画とその結果を予測してインヴェストコープに訴えた。ビジネスを縮小するのなら、もっと穏やかにやるほうがいい。

マウリツィオはまた、免税店のビジネスも大幅に削減すると通達した。GACの卸売りビジネスと免税店での売上を合わせると、一億一〇〇〇万ドルの減収となる。

「汚いタオルを人前で洗うわけにはいかないんだ」。インヴェストコープの経営チームの前で彼は力説した。「まずしっかり自分の家を建て直して、それから市場において強者となるべきだ。そうすれば自由に市場をコントロールできるはずだから」

マウリツィオはグッチがかつての魅力を取り戻すためには、まず「安売り雑貨店」のイメージを一掃しなくてはならない、と考えていた。直接経営にたずさわる六四の直営店だけを選び、友人のインテリア・デザイナー、トト・ルッソの助けを借りて改装した。

趣味よく内装された、豪奢な居間にいるみたいな気分で買い物をしてもらいたい、とマウリツィオは願った。細部にわたるまで自分の考えを通した。トトとともに新しい棚や備品をデザインした。キャビネットには角を斜めにカットしたガラスをはめこんだ。磨き込まれた円形テーブルにはシルクのスカーフとネクタイが並べられた。特別注文された照明器具がつるされ、壁には油絵がかけられ、ロシアの皇帝風椅子が置かれた。内装費は目の玉が飛び出るほど高額になったが、マウリツィオは気にしなかった。店が完璧であることが彼には重要なのだ。「スタイルを売るためには、われわれがスタイルを持っていなくてはならない」と強調した。

ルッソの仕事を見たメローは、美しくはあっても商品を売るために必要な要素が欠けていると感じ、アメリカからナオミ・レフという建築家を呼んで、建具をもっと簡素に直させた。たちまちナポリ出身のインテリア・デザイナーとアメリカの建築家は衝突した。マウリツィオは両者を仲介する時間も気持ちもなかった。とにかく計画を進めていかねばならない。グッチの昔の製品を八〇年代向けに作り直すために商品カタログを整理したおかげで、マウリツィオとスタッフは二万二〇〇〇あった製品を、七〇〇〇アイテムまで減らすことができた。ハンドバッグの型番も三五〇から一〇〇に、店の数も一〇〇〇から一八〇に減らした。

一九九〇年六月、マウリツィオの新しいチームが初の秋物コレクションを発表した。これまでどおりフィレンツェの古いチェントロ会議場を一カ月間借り切って、世界中から八〇〇人のバイヤーを呼んだ。

メローとランバートソンは新しいバンブーバッグ、ホーボーバッグとローファーをすべて七色ずつそろえて売り出した。マウリツィオは展示会に先立って、コレクションの製品を一点ずつていねいに無言で見て回った。そして彼は泣き出した。感極まって流れ出た涙だった。スタッフとバイヤーが全員ショールームに集まった前で、彼はバンブーバッグの一つを全員に見えるように高く掲げた。「父はこういうバッグを作ろうとしてきました。これこそ本来のグッチです」

あらたな地位を築くために、グッチはミラノで強烈な存在感を持つ必要があるはずだと確信したマウリツィオは、イタリアのファッションと経済の中心であるミラノにグッチの新本社を構えようと物件を探し始めた。一九八〇年代の後半、ミラノはパリに匹敵する世界のファッションの中心と認められていた。パリは高級注文仕立服の街だが、ミラノは現代的で上品な既製服の中心として台頭した。アルマーニとベルサーチェはミラノ・ファッションの二大巨頭となったが、ほかにもドルチェ&ガッバーナなど注目を集めるデザイナーたちが続々と登場していた。一年二回、春夏と秋冬のコレクションが発表されるときにはミラノの街はジャーナリストとバイヤーたちでにぎわい、マウリツィオはグッチもそこに参加する必要性を感じていた。それに彼自身もフィレンツェよりもミラノのほうがずっとくつろげる。マウリツィオはフィレンツェでは居心地が悪そうだという人もいた。

トトの助けを借りて、ドゥオモとスカラ座の中間にあり、ミラノ市役所が入る荘厳なパラッツォ・マリーノの柱廊を背景にし、サンフェデーレ広場に面して建つ五階建ての美しい建物を借りて新本社を置くことにした。改装は、内装や飾り付けも含めて五カ月という、せわしないミラノでも例をみないほどの速さで進んだ。

経営陣たちのオフィスが入った最上階は、広々としたテラスに四方をぐるりと囲まれており、東屋《あずまや》の下に椅子やテーブルが並べられ、グッチの最高幹部は晴れた日にそこでランチをとることができた。マウリツィオのスイートルームは、トトの最高傑作ともいうべき贅沢で趣味のよいしつらえだった。

一九九一年九月、サンフェデーレ広場の新オフィス改装完成を祝って、マウリツィオは最上階のテラスで管理職たちを招いてカクテル&ディナー・パーティーを開いた。熱のこもったスピーチで、マウリツィオはそれぞれの製品分野と職務ごとに息の合ったチームを作って働いてほしいと述べた。

一九九〇年秋、広告代理店マッキャン・エリクソンの手を借りて、メローはマウリツィオや地元の製造業者に教わった、グッチのもの作りの伝統を発表する機会を得た。九〇〇万ドルの宣伝費をかけて、ヴォーグやヴァニティフェアなど一流ファッション誌とライフスタイル誌で、「グッチの手」というコンセプトで広告を展開したのだ。広告商品として取り上げられたスエードのローファー、深みのある色の革バッグ、新製品であるスポーティーなスエードのバックパックのそれぞれに、グッチの伝統と復活とが象徴されていた。

最初の広告キャンペーンは成功したが、マウリツィオはすぐにアパレル製品にもっと力を入れないとグッチの新しいイメージを伝えるのはむずかしいと気づいた。グッチはこれまでずっとハンドバッグと小物類に比重をかけてきた。メローにも、服作りこそがグッチの新しい個性を作る鍵になるとわかっていた。

「ハンドバッグと靴だけではイメージを作るのはむずかしかった」。メローはいう。「私はマウリツィオに、グッチのイメージを打ち出すには既製服が必要だと訴え続けてきた。なんとかしてファッションに力を入れてもらいたいとがんばったわ」

マウリツィオは、八〇年代はじめにルチアーノ・ソプラーニを専属デザイナーとして雇ってファッションに力を入れたこともあったが、スイスで逃亡生活を送っているうちに、グッチのルーツである職人技術を生かした皮革製品に中心を置くべきだと考えをあらためた。九〇年代はじめまでに、彼はファッション寄りに製品を展開する戦略が正しいとは思えなくなっていた。

「当時のマウリツィオの頭の中には、外部デザイナーは信頼が置けないという考えが染み込んでいたんだ」と、グッチ内部に、熟練のプロを集めたデザイン・チームを作ろうと奔走していたランバートソンはいう。「ファッション・ショーで何ができるのかと疑っていたし、有名デザイナーの起用はグッチにとっていいことではないと信じ込んでいた。服ではなく、靴やバッグなどアクセサリーにこそグッチを語らせるべきだと考えていたんだ」

そのときまで、グッチのアパレル製品はすべて社内生産で、経費がかかる労働集約型事業だった。グッチにはアパレル製品分野で競争に耐えうる生産、販売、流通を展開する力がなかった。数シーズンたったところで、どこかのアパレル・メーカーと契約を結ぶことが一番手っ取り早い選択肢ということに気づき、イタリアの一流服飾製造業二社と契約を結んだ。紳士服ではエルメネジルド・ゼニア、婦人服ではザマスポルトである。

ランバートソンは並行して、チームに入ってくれる適当な人物をずっと探していた。イタリアに移住して、グッチのために働いてくれる人が欲しい。「六カ月間人材を探し回りました」と当時を振り返る。「あのころグッチで働く人を見つけるのはとてもむずかしかった。それにマウリツィオはアメリカ人がこれ以上増えることを好まなかった。イタリア人のグッチでなくなることを恐れていましたから」

親族との争いに勝利しグッチ社の実権を握ったマウリツィオ・グッチは、ミラノに新たにオフィスを開いてグッチ再興をかけた事業展開を図った。1990年、父ロドルフォと祖父グッチオの写真の前で。（アート・ストレイパー）

メローとランバートソンがグッチに入ったとき、すでに若手デザイナーたちが仕事をしていた。

「全員ロンドンからやってきて、スカンディッチに住んでいた若者たちです。でもグッチの社員は彼らを無視していた。あの子たちは孤立してましたよ。会社はデザイナーを信頼していなかったからね」とランバートソンはいう。「ドーンと私はマウリツィオに、既製服のデザイナーが切実に必要だと訴えたんです」

メローとランバートソンがデザイン・チームを作ったそのころ、一人のニューヨーク在住の若い無名デザイナー、トム・フォードとボーイフレンドのジャーナリスト、リチャード・バックリーはヨーロッパに引っ越すことを考えていた。

フォードはテキサス州オースティンの中流家庭に生まれ、一〇代のころ、父方の祖母ルースが住んでいたニューメキシコ州サンタフェに引っ越した。両親は二人とも不動産仲介業者だった。母は魅力的な容姿で、いつも仕立て服を着てシンプルなハイヒールをはき、ブロンドの髪をシニヨンにまとめていた。父は家庭を大事にし、進歩的な考え方をする人で、フォードとは成長するにつれていい友人になった。

「テキサスは本当にうんざりするところだった」とフォードはいう。「白人でもプロテスタントでもなく、何かやりたいことがある人間には耐えがたく、フットボールをやらず、嚙みタバコも酒もやらない男の子にとっては残酷な土地柄だった」。サンタフェはそれに比べるとはるかに洗練されて刺激的だと思った。とくに夏を過ごした祖母ルースの家が大好きで、ついに彼は一年半にわたってそこで暮らした。祖母はいつも大きな帽子をかぶり、大げさなヘアスタイルにしてつけまつげをつげ、ブレスレットやかぼちゃの花をかたどったバックル、銀製のコンチャベルト、紙で作ったイヤリングなど、大ぶりのアクセサリーで華やかに着飾り、フォードは憧れた。フォード少年は、祖母が頻繁に開いていたカクテル・パーティーのためにおめかしをするのを見ているのが好きだった。

「祖母はいつだってこういうんだ。『あら、あなた蜂蜜が好きなの。それじゃお食べなさい。ぜーんぶ食べちゃっていいわよ』」。フォードは大きく手を振っていった。「何事にも過剰な人でね、あけっぴろげだった。両親の生き方よりもずっと魅力的に思えたよ。ただひたすら楽しいことをやりたいんだ。いまでも彼女のにおいを覚えている。エスティローダーの香水ユース・デューをつけていた。いつだって若く見えるように努力を怠《おこた》らなかった」

フォードは幼いころに祖母から受けた強烈な印象が自分の感性の根底にあると思っている。「人生の最初に植えつけられた美しいもののイメージが、生涯にわたって影響を及ぼすと思うんだ。そのイメージが人の趣味を決定する。育った時期の審美眼は一生その人の美の基準になるね」

フォードの両親は、幼いころから絵を描きものを作るのが好きな息子の創造力を伸ばしてやろうと、援助を惜しまなかった。またその想像力に歯止めをかけることもなかった。「ぼくが何をやりたいかなんて気にしていなかったね。子どもが幸せだったらそれでいいんだ」。フォードはいう。彼は小さいころから好き嫌いがはっきりした子どもだった。「三歳のときから、このジャケットは着ない、あの靴ははかない、その椅子はよくないといっていたよ」。フォードはいう。大きくなるにつれて、両親がそろって外出すると、妹に手伝わせて重いソファを引きずり、椅子を移動して家具の配置を変えた。

「これでいいという配置はなかったし、満足がいったことはないし、いつだって何かしらおかしいんだ」とフォードはいう。「美意識という点で家族に劣等感を抱かせちゃったね。いまでも、ぼくと会うときには緊張するっていわれている。口に出さないでいられるまでぼくも成長したけれど、家族はぼくが頭のてっぺんから爪先までチェックしているみたいに感じるんだそうだ」

一三歳以降、フォードは個人的に、グッチのローファー、ブルーのブレザーとボタンダウンのオックスフォード・シャツを自分のユニフォームにすると決めた。サンタフェの一流プレップスクールに通って、女の子とデートもした。何人かとは恋もした。だが目はニューヨークに向いていて、卒業するとニューヨーク大学に入学した。ある晩、同級生にパ

ろ、宴たけなわのころ、それが男だけのパーティーだとすぐに気づいた。宴たけなわのころ、映画スターのアンディ・ウォーホルがやってきて、すぐにみんなでスタジオ54に繰り出した。映画スターのような整った顔立ちで、スノッブな雰囲気を漂わすフォードは、街の有名人たちが集まるクラブの人気者になった。夜がふけるにつれて、ウォーホルは熱心にフォードと話し込み、麻薬がどこからともなく回された。少年のころ、歯磨きの宣伝に出てくるような清潔で折り目正しい生活を送っていたフォードは、目の前で繰り広げられる粋な都会の雰囲気に目を真ん丸くしていた。「ちょっとショックだったね」とあとで認めた。

「ショックを受けたなんて、彼にかぎってそれはない」。同級生でイラストレーターのイアン・ファルコナーはいう。「だってその夜、ぼくたちはタクシーの中でいちゃついたからさ」。まもなくフォードはスタジオ54の常連になった。毎晩パーティーで楽しみ、昼間は寝て暮らし、授業に出席しなくなった。新しく覚えたクラブ通いのほうがずっとおもしろかったからだ。

「サンタフェにはすごく好きな男友だちがいたんだけれど、ニューヨークに出てくるまでそれが恋愛感情だったことに気づかなかった」とフォードはいった。「自分の中ではどこかでゲイだってことに気づいていたんだと思うんだけれど、それをあえて認めてなかったんだね」

一九八〇年、一年生が終わるころに彼はニューヨーク大学をやめてテレビコマーシャルに出演するようになった。容姿に恵まれ、しゃべりがうまく、カメラの前に立っても緊張しない彼はたちまち成功をおさめた。ロサンゼルスに引っ越し、同時期に出演CMが一二本も放送されていたこともある。だがある日、思ってもみなかったことが起きた。シャンプーのCM撮影のとき、髪を整えてくれていたヘアドレッサーが、生え際がわずかに後退しつつあったフォードの頭をしげしげと見た。

「あら、あなたったら」と男性のヘアドレッサーが鼻にかかった声でいった。「はげかかってるわよ」。そのひと言がフォードに冷静さを失わせた。

「いま思えばそいつは意地が悪くて、二〇歳そこらの若造をからかったんだろうけれど、ぼくはその言葉が頭から離れなくなってしまったんだ」。撮影の間フォードはずっと下を向いて前髪をたらそうとしていた。

「ディレクターが何回となく撮影を中断して怒鳴った。『彼の髪を直してやってくれないか?』ってね」。フォードはそのときの出来事がどうしても心に引っかかった。仕事をすればするほど、はげるんじゃないかと不安でたまらなくなってきたフォードだが、同時にほかにも気になることがあった。「ぼくだったらもっといいCMが作れるのに」「ぼくならこんな風には演出しない」「あっちから撮ったほうがいい絵柄になるのにな」。

つまり、彼はプロデュースする側に回りたかったのだ。

彼はニューヨークのパーソンズ・スクール・オブ・デザインに入学し、実家の居間の模様替えをしたとき以来関心があった建築の勉強を始めた。途中でパーソンズが分校を持っているパリに移った。だが卒業間近になって、建築が自分の趣味からは堅すぎると気づいた。フランスのデザインハウス、クロエにインターンシップで派遣されたとき、彼は自分が感じていたことがやはり正しかったと確信した。ファッションの世界のほうがはるかに楽しい。二年生も終わろうというころ、二週間ロシアで休暇を過ごしたフォードは、ある晩食あたりして、隙間風が吹き込む安ホテルに這《は》うように帰った。

「みじめな気分で一人部屋で寝ていたその夜、真剣に考え始めたんだ。いま自分がやっていることは本当にやりたいことじゃない。そして突然ひらめいた。ファッションデザイナー！　そうだ、それしかない。まるでコンピューターからプリントアウトされたみたいに〈ファッションデザイナー〉という文字が脳裏に浮かんだ」。ファッションデザイナーに必要な資質は何か、自分はよくわかっていると思った。かっこよく理路整然と話し、カメラの前に堂々と立つことができ、何を着るべきかアイデアを与えること。

フォードがお手本にしたのはカルバン・クラインだ。アルマーニがアメリカで成功をおさめる前、高校生だった七〇年代の半ばから彼はカルバン・クラインのシーツを敷いて寝ていた。

「カルバン・クラインは若く、おしゃれで、金持ちで、魅力的だった」。フォードは、カルバン・クラインのニューヨークの自宅であるペントハウスで撮影されたモノクロ写真とともに、彼を紹介する雑誌記事を熟読したことを覚えている。

「自分の名前でライセンス・ビジネスを展開し、ジーンズや既製服を売っていた。映画スターみたいなファッションデザイナーは彼が最初だった」。フォードはカルバン・クラインとはスタジオ54で会って、小犬のようにあとをついて回ったこともある。彼のようになるのがフォードの夢だった。

パリに戻ってパーソンズの学校事務に相談すると、ファッションデザインを専攻したいのであれば、もう一度最初からやり直さなくてはならないといわれた。それはやりたくない。だから一九八六年に建築科を卒業するとニューヨークに戻り、ファッションデザイン画を描き、職探しを始めた。断られてがっかりしたくなかったので、自分がパーソンズのどの科を卒業したかにはふれなかった。

「ぼくは世間知らずなのか、自信家なのか、それともその両方なんだ」とフォードはいう。「欲しいものがあったら手に入れる。ファッションデザイナーになると決めたなら、誰かが必ずぼくを雇うはずなんだよ!」。働きたいデザインハウスのリストを作り、片っ端から電話をかけた。

「いまは空きがないと電話でいったのよ」とニューヨークで活躍するデザイナーのキャシー・ハードウィックはいう。「でもとても礼儀正しくこういうの。『私のデザイン画を見ていただくことはできませんでしょうか？』。ついに根負けしたわ。『それじゃいつならこちらに来られる？』と聞いたら、『一分後には』というじゃないの。なんとロビーから電話していたの！」。彼の描いた作品に感心したハードウィックは雇うことにした。

「右も左もわからなかったよ」。フォードはいう。キャシー・ハードウィックのもとで働きだして二週間たったころ、彼女はサーキュラースカートを作ってちょうだいと彼に頼んだ。はい、と頷いたもののサーキュラースカートがどんなものか知らなかったフォードは、すぐに飛び出して地下鉄に乗り、ブルーミングデールスに駆け込んで一直線にドレス売場に行った。そこで売られていたサーキュラースカートを全部手に取ってどうやって作られているかを研究した。「そして戻ってくるとスカートのデザイン画を描いて、パタンナーに渡してサーキュラースカートはできあがったんだよ」

キャシー・ハードウィックのところで働いているときに、フォードはリチャード・バックリーと出会った。バックリーは当時ファッション関係の出版社、フェアチャイルド・パブリケーションズでライター兼編集者として働いており、のちにパリに移って〈ヴォーグ

・オム・インターナショナル〉の編集長をつとめた。フォードは二五歳で、映画スター並みの容姿だった。鋭く黒い目、高く出た頬骨、肩まで伸ばした濃い茶の髪、そしてブルージーンズをはきオックスフォード・シャツを着ていた。バックリーは三七歳で、サファイアブルーの目でごま塩の剛毛を短くクルーカットにし、内気なことを隠すためか辛辣《しんらつ》なユーモアをまじえて話した。ファッション編集者の永遠の制服とされる細身の黒いパンツに、くるぶしのところにゴム地が入っている黒のブーツ、清潔な白いシャツを着てノーネクタイがお決まりの服装だった。バックリーは紳士服を扱う日刊紙〈DNR〉のヨーロッパ担当編集者としてパリにいたが、フェアチャイルド社が当時創刊した〈シーン〉誌（現在は廃刊）のためにニューヨークに戻ってきたばかりだった。彼がフォードに目をとめたのは、デヴィッド・キャメロンのファッションショーのときだ。若いフォードをひと目見た瞬間、バックリーの胸は久しぶりにときめいた。小売関係者に取材するという口実で、ショーが終わったあとしばらく会場でうろうろしてフォードを見つけようとしたが姿が見えなかった。フォードもバックリーに気づいていた。

「ふと振り返ると、彼がぼくをじっと見つめていた」とフォードは思い出す。ひたむきに取りつかれたように自分を見つめるバックリーに、彼はたじろいだ。「正直恐くなった」

それから一〇日後、驚いたことにバックリーはフォードと一対一で会うことができた。

西三四番通りのフェアチャイルド社の屋上で、彼は〈シーン〉誌のためのファッション写真撮影を監督していた。一方キャシー・ハードウィックは、フェアチャイルド社に貸し出した服を回収するためにフォードを派遣したが、バックリーはその服をまだ撮影し終わっていなかった。バックリーがアートディレクターに、ファッションショーで気になる男性を見かけたことを打ち明けていたそのとき、本人が屋上に上がってきたではないか。バックリーは大きく目を見張って息を呑んだ。「彼だよ！」。アートディレクターにささやいた。「いま話していたのは、あの子なんだ」

バックリーはさりげなくフォードに挨拶し、まだ撮影が終わっていないからちょっと待ってくれと頼んだ。フォードは待つと答えた。撮影が終了すると二人は一緒にエレベーターに乗ったが、ふだんは軽妙なしゃれを飛ばして洗練された会話ができるはずのバックリーが、そのときは恥ずかしげもなく、バカ話をしてふざけてしまった。

「きっと彼は、ぼくのことを完全にイカレてると思ったにちがいない」とバックリーは落ち込んだ。だがフォードはそう思わなかった。

「たしかにバカ話はしていたけれど、感じのいい人だと思ったんだよね」。のちに彼はいう。「この業界では誠実でいい人に出会うことはまれだからね」

最初のデートは一九八六年一一月、イーストサイドにあるレストランで、バックリーとフォードはすぐに互いが内容の濃い会話ができる相手だとわかった。バックリーはフォードの集中力と使命感に感銘を受けた。若者のグループがはしゃいでいる中で、メキシコ料理をほおばり飲み物をすすりながら、フォードはバックリーに一〇年後に何をしていたいかをはっきりと告げた。

「ぼくはヨーロッパ的なすっきりとしたスポーツウェアを作りたい。カルバン・クラインのものよりもっと洗練されてモダンなラインで、ラルフ・ローレン並みの販売量をめざすんだ」。バックリーは憐《あわ》れみと驚きが混じった目で彼を見つめながら耳を傾けた。

「ラルフ・ローレンは一つの世界をまるごと作ることができる唯一のデザイナーだ」。フォードはバックリーに熱弁をふるった。「ラルフ・ローレンを着ていれば、その人がどんな人か、どんな家に住んでいるか、どんな車に乗っているかぴたりとわかる。だから彼はすべてをデザインして提供している。ぼくも同じことをやってみたいんだよ」

バックリーは革張りの椅子の背もたれに身体を預けて、ハンサムな新しい友人を見つめた。「こんなに若いのに、もう億万長者になりたいんだ」と思った。「ニューヨークの生き馬の目を抜くファッション業界で叩かれて、その夢をあきらめるまで待つとしよう」。

バックリーはフォードを気の毒に思うと同時に、自分の予想に反して若いデザイナーが望みをかなえることを願った。

二人の男たちは互いにピンとくるものがあった。一人は夢に向かってまっしぐらで野心満々だが無名。片やフェアチャイルドでの仕事のおかげで業界通だが――彼はゴシップ欄『目』のコラムを編集していた――人好きがして地に足のついた生き方を失っていない男。「リチャードはそのころから、かっこよくておもしろくていいやつだった」とフォードはいう。「彼は全部持っていたよ」。バックリーとフォードは新年の夜に一緒に暮らすようになり、その後二人は生涯変わらぬパートナーとなった。

フォードはやがてバックリーが暮らしていたイーストヴィレッジのセントマークス・プレイスにある一三〇平米ほどのアパートに引っ越してきた。

一九八七年春、フォードは自分の将来の見通しが立たないことにいらだち、キャシー・ハードウィックを辞めた。彼は自分がやってみたいタイプの、すっきりとしたスポーツウエアを作らせたら並ぶものがいないカルバン・クラインのところでデザインの仕事をしたいと夢見ていた。九回面接を受け、そのうち二回会ったカルバン自身から、女性もののデザイン・スタジオで雇いたいといってもらった。フォードは天にも昇る心地になったが、それも給料を聞くまでだった。期待していたよりもあまりに低すぎる。もう少し上げてもらいたいと頼むと、カルバンは仕事のパートナーであるバリー・シュワルツに相談してみるといった。何回か問い合わせの電話をいれたが、結局カルバン・クラインからははっきりとした返事がもらえなかった。それからすぐ、マーク・ジェイコブスがペリー・エリスのブランドで働かないかといってきてフォードはそれを受けた。しばらくたったある日仕事から帰ってくると、カルバン・クラインの秘書が留守番電話に伝言を吹き込んでいた。「クラインさんはまだあなたにたいへん興味を持っておりまして、別のところで就職なさっていないかどうか知りたいそうです。もしほかで働いていらっしゃらないようなら、すぐに連絡していただけますか?」。その伝言を聞いたフォードはさっそくお礼の電話をかけたが、すでにペリー・エリスのところで働いていたので転職はあきらめた。

バックリーは一九八九年三月にフェアチャイルドを辞めて、ティナ・ブラウンがやっている〈ヴァニティフェア〉誌に大抜擢された。ところが新しい仕事についたとたん、困ったことが起きた。四月にバックリーは癌《がん》を宣告されたのだ。何カ月も喉の調子が悪く、扁桃腺炎かと思って抗生物質を飲んでも効かず、あたたかいプエルトリコに旅行してもいっこうによくならなかったので、ついにセントルークス・ルーズベルト病院で生検を受けた。たいしたことはないと彼はたかをくくっていた。ところが麻酔からさめると、外科医が彼に、癌です、来週すぐに手術しましょう、生存の見込みは三五パーセントです、と告げたのだ。

事実をかろうじて受け止めると、彼は首を振った。「いやだ! とんでもない。すぐに家に帰る。自分のベッドで寝たい」。フォードが病院に駆け付け、バックリーを家に連れて帰って電話をかけまくった。バックリーの住所録には、癌の研究所であるメモリアル・スローン・ケッタリングに寄付をしているニューヨークの有名人の名前が何人かあった。二〇分のうちにバックリーは、最高の外科医で放射線科医の診察を受ける予約を二日後に入れることができた。そこで手術とつらい放射線治療を受けたバックリーの経過を、毎日のようにフォードが彼の家族に連絡した。

ついに癌を克服したが、これからはできるだけストレスの少ない生活を送りなさいと医師にいわれたバックリーは、フォードとともにヨーロッパに移住することを考えた。フォードも、ニューヨークで働けばアメリカでは成功することができるが、ヨーロッパで成功したデザイナーは世界的な成功も手中にできると、かねがねヨーロッパに行くことを考えていた。またバックリーは、ヨーロッパに行けばこれまでよりも追いまくられずにもっといいものが書けるはずだとも思った。そこで一九九〇年夏のはじめ、二人は自腹でヨーロッパに渡り、就職のための面接を受けた。フォードは以前にミラノに行ったとき、友人のリチャード・ランバートソンに電話をかけて、すでに彼とドーン・メローとディナーをともにしていた。ランバートソンがメローに、ぜひフォードをグッチの婦人服デザイナーとして雇ってほしいと迫ったが、彼女は首を振った。私は友だちを雇わないことを鉄則にしている、というのがその返事だった。そこでバックリーはファッション関係者のコネを存分に使って、フォードのためにミラノの一流デザイナーたちとの面接をつぎつぎ取りつけた。ドナテッラ・ベルサーチェとの豪華ランチやジョルジオ・アルマーニのところのガブリエッラ・フォルテや、カルラ・フェンディ（フォードとはニューヨークで会ってその才能に好印象を持っていた）と面談をしたのだが、仕事を提供してくれるところはどこもなかった。もう一度ドーン・メローとランチをとったとき、試しに一つプロジェクトをやってみてくれ、と今度は彼女がフォードに頼んだ。ランチのあと、フォードとバックリーはミラノで最高級の花屋に出かけ、イタリア人しか贈らないような巨大なカスミソウだけの花束を彼女に贈った。「恐れをなすほどの量のカスミソウがあったので、それを全部買いとって贈ったんだよ」とバックリーはいった。

「ドーンはその時点までに、ミラノ在住のデザイナー志望者全員に会っていた」。バックリーはいう。「若手デザイナーの全員が、グッチでまったく新しいラインを手がけたいと願っていたよ。トムは自分に期待されているのは、新しいものを提案することではなく、どんな服を、どんなタイミングで作るかだと理解していた」。メローはフォードが手がけたプロジェクトの内容に満足し、友人を雇わない鉄則を曲げて彼を採用した。「彼ならなんでもできると見抜いていた」とメローはのちにいった。

フォードは一九九〇年九月にミラノに引っ越し、バックリーも一〇月に〈ミラベラ〉誌のヨーロッパ担当記者となってやってきた。

二人ともミラノの生活にすぐに慣れて、落ち着いた毎日を送ることができた。グッチのデザイン・チームの若いアシスタントたちと仲良くなり、フォードは結束の固いチームの一員となることができた。

フォードとバックリーは、どんなシステムにも合うビデオデッキと、衛星放送アンテナに投資した。友人や同僚と夕飯に出かけない夜は、家で英語版になっている古い映画を見て過ごした。ミラノではまだブロックバスター・ビデオが開業していなかったが、バックリーはニューヨークに行くたびにたくさんのホームビデオを抱えて帰った。癌の治療のために彼は頻繁にニューヨークまで出かけていたからだ。二人はお気に入りの映画を繰り返し何回も見た。のちにフォードは、コレクションを作るときの雰囲気をつかむのに、この期間に見た映画の数々が非常に役立ったといっている。

フォードとバックリーのアパートはやがて、ミラノのファッションやデザイン関係の友人たちのたまり場となった。仲間たちはアパートの藤棚があるテラスに集まり、バックリーが準備した食事を囲んだ。フォードは夜まで仕事がかかったときには、デザイン・チームをよくアパートに呼んだ。

「われわれは、カルバン・クラインが得意とする街着としてのスポーツウェアと、ティンバーランドのアウトドア的スポーツウェアの接点にあるものを作ろうとしていたような気がします」。クラシックなカシミアのセーターを多色展開するグッチのプロジェクトにかかわって、しょっしゅうスコットランドに出かけていたデヴィッド・バンパーはいう。アメリカ人たちは、グッチには輝かしい未来があることを証明した。メローが成し遂げたのは、長い間愛され続けてきた高級アクセサリー・メーカーとしてのグッチのデザインと技術をよみがえらせた以上の仕事だ。世界的に影響力を持つファッションジャーナリストたちの注目を集め、グッチをファッショナブルなアパレル・メーカーに発展させ、若手デザイナーたちを起用して、アパレルへの進出に懐疑的だった人たちにも、グッチが衣料品でもデザイナー・ブランドとなりうることを認めさせた。トム・フォードという傑出したスターを産み、彼が打ち出したスパイクヒールや細身のスーツや洒落たハンドバッグのおかげで、グッチは名声と富を得ることができた。メローとフォードはその才能によって、グッチが成功するためにぜひとも必要なものをもたらした――それは待ち構える嵐を乗り切るための耐久力だった。

12 二つの別れ

DIVORCE

一九九〇年一月二二日朝、アルド・グッチに最後の別れを告げようと、毛皮や厚手のコートにくるまってローマのサンタ・キアーラ教会に集まった参列者の上に、まぶしいほどの光が射して冬の寒さを忘れさせた。友人や知り合いはみな彼の死に驚きを隠せなかった。活動的で、最後まで元気だったアルドは、八四歳よりもはるかに若く見えた。彼の実際の年齢や前立腺癌の治療を受けていたことを知っていた人は少数だった。ジュネーブでグッチの株を売り渡さざるをえなかった四月の午後から、まだ一年もたっていないときに訪れた死だった。

アルドは一九八四年一二月にオルウェンとの離婚を申し立てた。結婚生活が形だけになってからすでに長い年月がたっている。別居期間は長かったが、それでもローマにいるときは妻の元を訪れ、彼が建てたヴィッラ・デッラ・カミッルッチャでまるで自宅にいるかのようにくつろいで過ごしていた。それなのにいきなりの離婚の申し出にオルウェンは驚き、一九七八年に血栓症による発作で弱っていた身体がますます衰えた。オルウェンは夫のやることを何一つ邪魔だてしなかったが、妻の座はあくまでも手放そうとしなかった。だが、自分が行きたいところに行き、一緒にいたい人と過ごす生き方を貫くアルドだったから、イタリアの妻を無視してブルーナとアメリカで強引に結婚した。

アルドはクリスマスをブルーナと二人の間の娘、パトリシアとともにローマで静かに過ごしたが、そのときたちの悪い風邪にかかった。木曜日の夜、昏睡《こんすい》状態に陥り、金曜日に心臓が停止した。

教会ではジョルジョ、ロベルト、パオロとその家族がアルドの棺《ひつぎ》近くの信徒席に座っていた。マウリツィオはミラノからアンドレア・モランテと一緒に飛行機でやってきた。教会に入ると、モランテは後ろのほうに控え、内輪の葬儀にずかずか入り込むことを避けたが、マウリツィオは前のほうに行って隅に立っていた。

彼と反対側の隅には、ブルーナとパトリシアが遠慮がちに立って参列していたが、ジョルジョが招いて家族席に座らせた。ロベルトは年老いて弱々しくなった母のオルウェンに付き添い、いたわりながら参列していた。葬儀のすぐあと、彼女はローマの病院に入院することになった。死にあたっても、アルドは自分の邪魔をしたものに容赦しなかった。三〇〇〇万ドルと評価されるアメリカの不動産をブルーナとパトリシアに遺したのだ。だがオルウェンとパオロ、ロベルトの二人の息子はそれに異議を唱え、のちに両家族は和解にいたった。

マウリツィオは冷え冷えとした教会の中に一人で立ち、前で組んだ手を見つめ、神父の声をぼんやりと聞きながらアルドとのことを思い出していた。コンドッティ通りのオフィスに階段を一、二段飛ばしで上がってくる姿。販売員たちを大声で怒鳴りつけながら命令しているところ。ニューヨークの店でにこやかに接客し、クリスマスの包装にサインをしている姿も思い出された。一族の活力についての金言を繰り返すアルドの声がいまにも聞こえてきそうな気がした。「一族は列車で、私はエンジンだ。列車なしにエンジンだけあっても意味はない。エンジンなしには、そう、列車は走らない」。マウリツィオの頬に思わず笑みが浮かんだ。寒さで足踏みし、ティッシュで涙をそっとぬぐっていた参列者に混じっているマウリツィオは、固く組んでいた両手を離してあらたに組み直し、少しでもあたたかさを感じようとしているようだった。

「いまや私はエンジンと列車の両方の役割を果たさねばならない」。彼は自分にいい聞かせた。「グッチにもう一度栄光を取り戻さねばならない」。そしてマントラのように一つの文章を繰り返した。「この世にはたった一つしかグッチはない。この世にはたった一つしかグッチはない」

インヴェストコープは一族の内紛に決着をつけるのに手を貸してくれ、自分によくしてくれたが、長年の夢を実現するときがきた。そろそろ二つに分かれている会社を一つにまとめる時期だ。伯父と自分は意見の相違が多くあったものの、アルドもたぶん社をまとめることを望んでいるはずだ、と彼は思った。自分、マウリツィオだけがグッチの繁栄を将来も継続できる力を持っている。グッチの過去と未来をつなぐのは自分だ。一二月にマウリツィオはネミール・キルダールに、インヴェストコープが持っているグッチの株五〇パーセントを買い取りたいと話し、キルダールも承諾していた。マウリツィオは自分の手で再建を進めたかった。グッチへの夢は外部のパートナーを入れないでかなえたい。

葬儀のあとマウリツィオは残って、親戚やグッチの古い従業員たちと挨拶を交わした。ジョルジョ、ロベルトとパオロは挨拶に冷ややかに応えた。グッチを乗っ取り、父を辱《はずかし》めた彼のやり方を決して許そうとしなかった。マウリツィオは、彼らが味わった深い喪失感をぶつける格好の標的だった。アルドの葬式にグレイのダブルのスーツという定番の服装で、しかも株買い取りに手を下した張本人であるアンドレア・モランテを連れて参列するなど、気持ちよく思えるはずがない。葬儀が終わってフィレンツェに戻る車の中で、マウリツィオはグッチのすべてを自分が掌握する誓いを何回も自分にいい聞かせていた。

マウリツィオは所有する五〇パーセントの株を三億五〇〇〇万ドルで買い取る同意を、インヴェストコープから取りつけるのに成功した。同じく一月にバーレーンで開かれたインヴェストコープの年次経営総会で、ネミール・キルダールはマウリツィオに株を売ることに同意するだけでなく、その資金を彼が調達するために財務支援を惜しまないとまで宣言した。

「今回のこの会議で話し合う議題として、マウリツィオが資金調達できるように支援する案件を第一に挙げたい」。自分の手足となって働いている社員を見ながら彼はいった。

「われわれは買い集める役割は果したが、今度はマウリツィオ・グッチに会社を手渡して彼の手に経営を委ねるときがきた」

インヴェストコープ役員の一人、ボブ・グレイザーが、投資会社が買い手の金策まで面倒を見るのは異例ではないかとキルダールに異を唱えた。またマウリツィオには、グッチの事業への融資を求めて金融機関を説得する手腕がないことも指摘した。グレイザーは五〇パーセントの取得にはかかわっていなかったが、グッチに関する資料を読んで情報は得ていた。

「通常ならば、第一段階の投資の前に行うはずの財務基盤や背景についての情報収集を、グッチに関しては基本的なレベルでさえも行っていなかったことに私は衝撃を受けました」とグレイザーは当時を思い出していった。彼はマウリツィオの片腕となって働いていたリック・スワンソンが、本来ならマウリツィオ自身がやるべきその仕事をやっていたことにも衝撃を受けた。グッチの事業とその将来性についての調査と、細部にわたる詳しい資料の作成を投資会社がやっていたのだ。

「本来ならばマウリツィオがやるべきその仕事をスワンソンがやったんですよ――しかもただで」。グレイザーは指摘する。

スワンソンはその仕事を引き受けたのはいいが、実行はそう簡単ではないとすぐに気づいた。イタリア、アメリカ、英国、日本と世界に広がるグッチの会社を、一つの統一された全体像で描くことに苦心惨澹した。実際には会社はそれぞれ別々に機能していたからだ。「現在ばらばらの会社を、グローバルな視野を持つ経営陣が統一後の展望を持ち、一つの会社として経営していこうとしている、それをどうやって金融機関に納得させられるか。現実にはそんな動きはないのですから」。スワンソンはいった。

マウリツィオの再建計画に沿ってグッチは着々と変わりつつあり、スワンソンは変化に対応するため、あらゆる面で苦労していた。マウリツィオはビジネスの方針を変え、製品を大幅に改定し、自分が決めた基準に合わない店を閉めた。フィレンツェに豪邸を購入し、ニューヨークの不動産を売った金をその邸宅の購入費にあてると話した。そのすべてをインヴェストコープは好きにやらせていた。

「すでに計画は走り出してしまっていました」とスワンソンはいう。「われわれは会社の五〇パーセントを所有しているのに、彼がやることに口をはさめなかった」。スワンソンはミラノに飛んでマウリツィオとともに会議室にこもり、経営組織を図表にした。このときやっと、マウリツィオは近代的企業経営の枠組みを理解した。企業戦略と計画、財務経理、ライセンス事業と流通、製品、技術、人事、企業イメージの形成と渉外。

「それから会社の評価額を見積らなくてはなりませんでした」。スワンソンは続けた。「マウリツィオはあらたに会社に加えた資産を正確に数値化することをまったくやっていませんでした」。サンフェデーレ広場の本社ビルの取得と改装には三〇〇〇万ドル以上の経費がかかっていたが、製品アイテムと流通量を大幅に削減したことを考えると不相応な支出である。マウリツィオの計画性のなさにスワンソンは肝をつぶした。

「マウリツィオ、今年度のグッチの売上げは一億一〇〇〇万ドルだ」。スワンソンは収支報告書を指しながらいった。

「そうか」。マウリツィオは答えて椅子の背もたれに体重を預け、いかにも集中しているようなふりをして視線を宙に泳がせた。「一二五、一五〇、一八五……」

スワンソンはぽかんと口を開けたまま彼を見つめた。

「それはなんの数字だ?」

「目標だよ、決まってるじゃないか」。マウリツィオは涼しい顔でスワンソンを見た。

「ああ、わかった。つまりパーセンテージであらわしたわけだね」。元は会計士だったスワンソンはマウリツィオの論理についていこうとあせった。

「いや、ちがうちがう。パーセントなんて的外れだ」。舌を鳴らしながら彼は手を振った。

「来年度の売上目標は一億二五〇〇万ドル、一億五〇〇〇万、いや、一億六〇〇〇万ドルにしよう」

頭をかきむしりたくなったスワンソンは書類をまとめてロンドンに飛んで帰り、インヴェストコープの財務主任であるハッラクとボブ・グレイザーに一部始終をぶちまけた。マウリツィオへの株売却にあたって、キルダールは厳しい実務派の金融マンであるグレイザーにも担当を命じていた。

「ボブ、マウリツィオの魅力に取り込まれてしまわない唯一の人物としてきみを信頼しているよ」。キルダールはいった。キルダールはチェース・マンハッタン銀行から中東地域担当だったグレイザーを引き抜き、結束の固いチームの一員として重用した。頭が切れる賢い彼は、はっきりとものをいい、仕事の運び方をよく心得ていた。

スワンソンはインヴェストコープの二人の役員に自分のジレンマを説明しようとした。「私はこの報告書をマウリツィオのために書くのと同時に、金融関係者にわかりやすく、お得な物件だと納得いくように書こうとした」と彼はこぼした。「ところが書いているそばからどんどん事業内容が変わり、それどころかマウリツィオはつぎつぎ新しい計画を打ち出すんだ」

グレイザーとハッラクは顔を見合わせて頭を抱えた。二人ともマウリツィオが打ち出すビジネスの方向性には感心したが、その方向に彼が経営の舵取りができるかどうか、はなはだ疑問だった。

グレイザーはマウリツィオがあまりにも性急に方向転換を推し進めすぎているとあやぶんだ。その事業計画だと売上が減って、経費を増加させる。

「インヴェストコープは、マウリツィオの事業計画の財務面を考えて契約していませんでした」。グレイザーはいう。「マウリツィオが描く事業計画は数字を伴わないコンセプトだけでした。彼にそれを聞かされたキルダールは、なんだかいいような気がして金を出してしまったんです」

スワンソンはやっと報告書を仕上げた。三〇〇ページにも及ぶ膨大な資料には、会社の歴史、家系図、細かいところまで書き込んだ概況報告書、資産、店舗、ライセンスの各分野にわたる計画が盛り込まれた。スワンソンと同僚たちはこの細かい情報を満載した報告書を「グリーン・ブック」とあだ名をつけた。報告書では、現在は製品アイテムと店舗を削減したため売上と業務効率が一時的に落ち込んでいると前置きした上で、将来の事業計画も織り込まれており、売上が元に戻って改善する予定も付け加えられた。

インヴェストコープはマウリッツィオが金融機関への融資依頼書を作成するのを手伝い、金融機関を紹介し、報告書の送付ばかりか担当者と引き合わせるところまで手を貸した。

マウリッツィオの事業計画に融資しようという銀行は、イタリア国内でも海外からもあらわれなかった。二五以上の金融機関がつぎつぎと断ってきた。

「うまくいかなかったんですよ」。スワンソンはのちにいった。「グッチの業績はよくないし、挙げられている数字は全部下向きです。食指を動かしそうな話を作り上げましたし、金融関係の人たちはみなマウリッツィオのことが好きになりましたし、彼が語るヴィジョンにも魅力を感じてくれました。でも一歩掘り下げて数字を見ると、経営はめちゃめちゃじゃないかと見抜かれてしまうのです。マウリッツィオがどんなにすばらしい話を聞かせてもね。彼の話を聞いていると、事業はうまくいっているばかりか、期待以上の成果を上げているような気になります。マウリッツィオは『風と共に去りぬ』のスカーレット・オハラみたいに『明日は明日の風が吹く』という姿勢なんですよ。今日融資が受けられなくても、明日には受けられると本気で思っていましたね。とにかく明日生き延びられたら、もう勝ったと思えるわけです」

その間もグレイザーはマウリツィオと、株買い取りをめぐって何カ月も交渉を続けた。大勢の弁護士を雇い、大量の書類を用意して、三つの方向から買い取りを進めようとしていた。グレイザーはマウリツィオが人に気を持たせる芝居がうまい人物だと思うようになった。金の工面がつくまでの間、始終忙しく仕事をしているふりをしている。

一九九〇年夏、株買い取りのための金を貸してくれるところはないことがマウリツィオも理解した。彼とインヴェストコープは方針を変えて、三年前に「サドル同意書」で交わした原則に基づき、五〇／五〇パーセントのパートナーとしてやっていくことに同意した。そのために世界に散らばるグッチの会社を整理して、一つの株式会社にしたいとマウリツィオはインヴェストコープに話した。グッチの会社機構の大がかりな近代化の第一歩となる。キルダールは賛成し、ボブ・グレイザーをその仕事にあたらせることにした。グレイザーは一つ条件をつけて同意した。パートナーの二者が会社の経営方法と、それぞれの株主の利益を守るための約束事を定めることだ。インヴェストコープがグッチに投資してからのマウリツィオの行動を見てきた結果、グレイザーは投資銀行がグッチの企業経営に関わることをはっきりさせておきたい。

マウリツィオ・グッチとインヴェストコープがグッチを遵法経営していく上での約束事を具体的に取り決めていく過程で、両者の間に大きな溝が広がった。「信用していないわけではありませんが、意見が合わなくなったときのために、自分たちの投資を守る道を見つけておかねばなりません。それが争いの始まりでした」。キルダールはいう。「法的な争いは彼にとって悪夢でした。マウリツィオはそれまでもずっと訴訟を起こされてばかりでした。やっと心から信頼がおける相手を見つけたと思ったら、突然インヴェストコープが自分からむしりとろうとする側に回り、それまでの心地よい関係をぶちこわして悪夢が再現したんです」

両者の弁護士の間での話し合いは対立の一途をたどり、マウリツィオはついに休戦してキルダールと一対一で話し合いたいと申し入れた。彼はロンドンに出かけ、数々の障害があることに動揺しつつも、暖炉の前でくつろぎながら話し合った。

「マウリツィオ、何が問題なのか話してくれないか」。キルダールはあたたかな目で問いかけた。

「ネミール、厳しいことばかりいわれるんだよ」。頭を振りながら彼は答えた。

「われわれは別に厳しくあたっているつもりはないよ」。キルダールは保証した。「無慈悲なことをいうと思うようなら変えようじゃないか。きみを攻撃したり陥れようとしてはいない。われわれの弁護士もだ。ただ仕事をしているだけなんだよ」。マウリツィオは安心して帰っていったが、それもつぎの争いが起きるまでだった。両者の関係がきちんと文書化されるころにはマウリツィオはボブ・グレイザーがすっかり嫌いになり、彼への信頼を失ってしまった。つけたあだ名は「赤髭の悪魔」もしくは「そしたらどうする野郎」だ。「たしかに私はマウリツィオにとって手強い相手でしたよ」。グレイザーはのちに認めた。「私がやらなくちゃ誰がやるのかと思ってましたからね。マウリツィオはそれが気に入らなかったんです。インヴェストコープではじめて、彼に思ったようにやらせなかった人間でしたからね。マウリツィオは最初自分の魅力で虜《とりこ》にしようとし、それから手なずけようとします。魅了することも手なずけることもできないと、背を向けてしまうんです」

アラン・タトルはロドルフォとの約束に忠実に従い、マウリツィオの個人的な代理人をつとめ、インヴェストコープとの取引の窓口として最前線に立って交渉にあたっていた。タトルが几帳面で頑固な代弁者で、あまりにも杓子《しゃくし》定規で融通が利かないことに業を煮やしたグレイザーが、マウリツィオに担当を替えろと迫った。

「タトルがマウリツィオのためによかれと思って一生懸命やっていることはわかっていましたよ。でも彼がいるかぎり、合意して署名するにはぜったいにいたらないと気づきました。もううんざりでした！　タトルが同席するのならば次回の会議には出席しないし、別のもっといい弁護士を見つけたほうがいいと忠告したんです」

交渉が無に帰することを恐れたマウリツィオは、しぶしぶ別の弁護士に替えた。その結果、インヴェストコープは契約にいくつか有利な項目を加えることができ、それがのちに会社の経営方針を根本的に変えることになった。ほかには、マウリツィオに五〇パーセント全部、もしくは一部のグッチ株を融資の担保物件にすることを禁じる条項があった。だが、インヴェストコープにはそれが許されていた。

「われわれは金融機関ですからね。貸借も業務の一環です」グレイザーはいった。「だがマウリツィオが勝手に株を担保に金を借りて返済不可能となり、われわれが新しいパートナーと組まざるをえなくなるような事態は防がねばなりません。ネミール・キルダールはそこを強調しました」

ニューヨークの法律に基づいたこの契約書を最終段階で見せられたタトルは仰天した。とくにマウリツィオが株で融資を受けることを制限する条項には驚いた。「マウリツィオ、彼らはきみの両手足を縛ってしまうよ」。なんとかもう少し自由に金が使えるようにしたほうがいいとタトルは忠告した。

「彼は金持ちでしたが、自由になる金はなくなったんです」。のちにタトルはいった。グレイザーはそれでも手をゆるめなかった。インヴェストコープとマウリツィオ・グッチの新しい共同事業関係をすったもんだの挙げ句に決めたあと、ロンドンで開かれたインヴェストコープ社内の会議の席上公然と、マウリツィオはCEOとしてまったく無能か、ペテン師か、それとも両方かもしれないと非難した。出席した役員たちの間にざわめきが起こった。大半がマウリツィオの魅力に取り込まれていたからだ。グレイザーが、マウリツィオを裸の王様だと酷評したも同然だ。ネミールの鋭い緑の目は怒りで細くなった。「マウリツィオのことをそんな風にいう権利はきみにはない！」。彼は怒鳴った。「われわれは彼を助けようとしているんだぞ」

「私の意見に気を悪くなさったのならすみません。あくまでこれは私の意見です。証明できるわけではありませんが、会社がこのまま損失をこうむる可能性を見過ごすわけにはいきません！　私は彼の能力に大きな疑問を持っています。どちらの側にも与していない会計監査会社に依頼して、グッチの帳簿を隅々まで調べることを提案します」

ボブ・グレイザーはグッチの仕事が終わったらアメリカに帰国するつもりでいたが、キルダールにグッチの経理として自分を派遣するよう提言し、マウリツィオを贔屓《ひいき》するキルダールの態度が、どれほどインヴェストコープとグッチの関係に悪影響を及ぼしているかに気づかせようとした。キルダールは彼の提案を呑み、最近雇ったばかりのビル・フランツという、思慮深く穏やかな物腰の銀行家にこの件を担当させることにした。フランツはその秋数回にわたってミラノを訪れ、グッチの財務状況の調査を始めた。

そのころアンドレア・モランテは、正式に肩書きを与えられてはいなかったが、グッチのミラノ本社で営業部門を統括する地位についていた。彼はマウリツィオを助けて新しいチームを編成させ、世界中の商品価格を見直し、長年日本における共同事業者だった茂登山長市郎《やまちょういちろう》から経営権を取り戻して単独の管理者となった。根っから投資銀行家であるモランテは、全員の問題を解決するだろうと思われるある計画に取り組み始めた。ルイ・ヴィトンの社長だったアンリ・ラカミエと契約したのだ。ラカミエは、LVMH*が所有している高級ブランドにいつの日か対抗できる高級ブランドを取得するために、オルコフィという持株会社を設立した。モランテはラカミエがマウリツィオの強力なパートナーとなり、ルイ・ヴィトンでめざましい成功をおさめた彼が、極東市場におけるグッチの事業展開を助けることを期待した。モランテは最終的にこの契約によってマウリツィオが五一パーセント、ラカミエが四〇パーセントと役員会における発言権、インヴェストコープには名義のみの七から八パーセント、そして契約に尽力した自分に残りの所有権を与えるという計画を立てた。

「ラカミエとの取引でマウリツィオはグッチの経営権を握り、インヴェストコープには格好よく舞台から退いてもらうことができ、私のキャリアの輝かしい業績になるはずでした」とモランテはいった。

マウリツィオはその計画に興奮した。二人は、イタリアとフランスの会社が高級品ビジネスではじめて戦略的に同盟関係を結ぶ可能性を、何時間もかけて分析し話し合った。それまでフランスのブランド産業は、イタリアの会社を単なる供給者か二流の競合者としてしか見ていなかった。

一九九〇年秋、モランテがこの計画を推し進めるための企画書を練っている間、マウリツィオは彼とトト・ルッソを、サントロペで年に一度開催される歴史あるヨットレースに参加するクレオール艇に招待した。ヨーロッパの富裕実業家たちがこぞって参加する由緒ある海のお祭りだ。フランスとイタリアの産業界の大物たちが自分たちのヨット自慢もかねて集まってくる。中にはアメリカズカップにも出艇したイル・モロ・ディ・ヴェネチア号で参加するラウル・ガルディーニや、フィアット・グループの総帥ジャンニ・アニェッリもいる。マウリツィオはよほど親しく信用している友人でないかぎりクレオール艇に乗船させなかったので、モランテは彼の招待を特別に意味のあることと受け取って感動した。

＊ルイ・ヴィトンとモエ・ヘネシーが一九八七年合併して設立した持株会社。社長をつとめていたアンリ・ラカミエは九〇年五月、ベルナール・アルノー現社長に追われる形で辞任した。

これでやっと彼の内輪の仲間入りができた。

「その週末は楽しく過ごすと同時に、いま取り組んでいる計画についてよく考えるための時間でした」とモランテは振り返る。

マウリツィオは金曜の午後にミラノからニースまで小型ジェットをチャーターし、そこからサントロペまで三人はヘリコプターに乗った。天候が悪くヘリコプターは揺れて、無事サントロペに到着したときにモランテはほっと胸をなで下ろした。

三人の男たちは週末の天気を楽観して小型ボートに乗り込み、大きすぎて港内には入れず沖に停泊しているクレオール艇に向かった。マウリツィオはモランテたちに、クレオール艇を買ったいきさつや、パオロから法律違反をしてヨットを買ったと訴えられたことで、裁判所が差し押さえないかと不安でたまらなかった話を語った。この美しいヨットを元の姿に復元し、近代テクノロジーを駆使して装備するために金に糸目をつけなかったこともモランテに打ち明けた。トト・ルッソが内装を請け負い、古典様式で贅沢にしつらえていた。特別室の改装費用だけで、彼は九七万ドルを使っていた。クレオール艇はたしかに世界一美しいヨットだったが、それにかかった費用はマウリツィオの予想をはるかに越えていた。

金のことなど気にするな、という鷹揚なマウリツィオの態度のおかげで、内装を手がけていたルッソはおおいに儲け、最近ではグッチの役員の一人に名を連ねるほどになって、ますますマウリツィオへの影響力を強めている。

そのルッソは船に乗り込んだとき、どこか上の空でぼんやりしているモランテを探るような目で見て切り出した。「アンドレア、教えてほしいんだが、グッチはうまくいっているのかな？」

「あまりよくないね、トト」。モランテは眼鏡を外すと真剣な声で答えた。

「悪いってどんな風に？」

「そうだね、いまはむずかしい時期だよ。景気が悪いしね。マウリツィオのアイデアはすばらしいし、グッチに対する見方は的確だけど、経営という面からは誰かに肩代わりさせることが必要だね。そうしないと事態は悪化するばかりだ」

「私もそれを心配しているんだよ」。ルッソがいった。

「私が困っているのは、彼がこの状況を把握していないように思えることだ。彼はすべての数字を見ているし、なんでも知ってはいるが、だいじなことに気づいていない」

「アンドレア、彼には本当の意味での友だちといえばわれわれしかいないんだ。みんな彼にたかろうとする連中ばかりだからね」。ルッソがいった。「われわれは彼に忠告してやらなくちゃならない。話をしようじゃないか。いや、きみが話すべきだ。彼はきみを信頼している」

「わからないんだよ、トト」。モランテは首を振った。「彼は忠告を誤解しかねない。彼がグッチをどう思っているか、きみもよく知っているだろう？　自分一人で成し遂げられるってことをみんなに証明しなくちゃいけないと思ってるみたいだからね」

不安はあったが、モランテはルッソに、気がかりに思っていることをマウリツィオに話してみると約束した。二人はせっかくの週末を台無しにしないよう、話すのは日曜の夜まで待つことにした。モランテは美しいクレオール艇でくつろいだマウリツィオが、自分のいうことに耳を傾けてくれることを願った。

充実したレースを楽しんだあと、日曜日の夜にマウリツィオたちは表彰式に出席するのをやめ、ボートに乗ってサントロペの街に出ることにした。画家たちがイーゼルを立ててサントロペの美しい光景を描いている舗道を、三人の男たちはぶらぶらと散歩しながら、街の奥まったところにあるマウリツィオのお気に入りのレストランに向かった。テーブルについた彼らに、ウェイトレスが水とワインを一本持ってきた。マウリツィオの左隣に座ったルッソは、正面に座ったモランテをじっと見詰め、グッチの話題について切り出すようにと声に出さないで合図したが、モランテはそれを無視しておしゃべりを続けた。コースの最初の料理が終わったところで、ルッソはモランテの脚を軽く蹴り、仕事の話をするようにと促した。モランテはついにルッソに頷いて軽く咳払いをした。

「マウリツィオ、トトと私からちょっと話があるんだ」。ちらりとルッソを見て、助け船を出してくれるように頷いた。

マウリツィオはモランテの口調が真剣であると気づいた。

「いいよ、アンドレア。なんだい？」。マウリツィオはルッソを確かめるように見ながら答えたが、ルッソは黙ったままだった。

「たぶんこれから私がいうことをきみは気に入らないだろうが、私は本当の友だちとしてどうしてもきみにいっておかなきゃいけない。友人であるからこそいうんだと思って聞いてほしい」。モランテはいった。「きみにはたくさんいいところがある」。モランテは穏やかになよく響く声で始めた。「きみは頭がいいし、魅力的だし、誰もきみのようにみごとにグッチを変えることなどできなかっただろう。きみはすばらしいものをたくさん持っている。だが、現実を見ようじゃないか。生まれながら経営者の資質を持っている人ばかりじゃない。これまで私たちは長く一緒に仕事をしてきたが、きみはこの会社を経営していく方法をわかってない、そう思っていることをいわなくちゃいけない。きみは誰かほかの人に……」

マウリツィオは拳《こぶし》をテーブルに叩きつけ、その激しい勢いでワイングラスやナイフやフォークが音を立てて震えた。

「だめだ！」。マウリツィオは拳を振り下ろすたびに叫んだ。「だめだ！　だめだ！　だめだ！」。しだいに声が大きくなっていき、叫ぶたびに拳を叩きつけてグラスが躍り、レストラン内のほかの客たちが、顔を紅潮させている三人の男たちのほうを振り返った。

「きみは私をわかっていないし、私が会社のためにやろうとしていることをまったく理解していない！」。マウリツィオはぎらぎらした目でモランテをにらみながら強い口調でいった。「きみのいうことにはまったく賛成できない」

モランテは困ってルッソを見たが、助け船を出してくれそうな気配はなかった。兄弟のような親密さが生まれた週末の愉快な気分は一変した。

「マウリツィオ、これはあくまで私の意見だ」。モランテは自分を守ろうとするかのように手を挙げた。「何も私の意見に賛成しなくていいよ」

モランテたち以上に、マウリツィオ自身が自分の激しい反応に驚いていた。彼は対立が心底苦手で、仲良く穏やかに事を運ぶことを好んだ。如才ない社交家に戻った彼は、自分の反応を取り繕おうとした。

「なあ、アンドレア、せっかくの楽しい週末をそんな話で台無しにしないでおこう」。マウリツィオはいった。ルッソがきわどいナポリ風の冗談で雰囲気を変え、以後レストランに入ってきたときと同じ友好的な雰囲気で食事が終わった。だがそれは表面だけだった。「私「あれ以降、彼の中で何かが変わってしまったんです」。モランテはのちにいった。「私のことを信用できないと決めつけ、うわべは愛想よく振る舞っていましたが、もう前のような関係には戻れませんでした。マウリツィオは父親と伯父から何回もしつこいくらいに、おまえには会社の経営はできないといわれ続けてきました。父と伯父のその言葉がずっと引っかかって怯えていたところにもってきて、私が同じことを面と向かっていってしまったんですね。彼はみんなに『あなたは天才だ』といってもらいたかったんです。私よりずっと敏《さと》い人たちは、彼が聞きたいことをちゃんといって、生き残っていました。マウリツィオにとっては、他人は敵か味方かのどちらかなんです」

父やパトリツィアとの関係と同様、マウリツィオはモランテとの関係も断ち切った。ミラノに戻ってから、二人の間には冷ややかな空気が流れた。誰もがそれに気づいた。

「最初、マウリツィオとアンドレア・モランテは切っても切れないほど密な関係でした」と二人と働いたことがあるピラール・クレスピはいう。「マウリツィオはモランテを愛していました。それなのに関係は壊れたんです。裏切られたと思ったんでしょう。モランテがマウリツィオに、自分の実力以上のことをやろうとしている、とか話したので、それが気に入らなかった。あの人はイエスマンが好きでしたから」

さらに悪いことに、六カ月間モランテが心血を注いでいたラカミエとの交渉が土壇場になって御破算になった。モランテがクリスマス休暇をとるまでは、誰もがあとは契約書に署名するだけだと思っていた。ところが最後にいたって、パリのオフィスで交渉は決裂した。

マウリツィオ・グッチと弁護士たちとインヴェストコープの経営陣は、会議室に入ってテーブルについた。ところがラカミエが出した価格がインヴェストコープの期待よりもはるかに低かったのだ。

「提示額があまりに低かったので、バカにされたと思って私たちは席を立ちました」。当時インヴェストコープでまだ働いていたリック・スワンソンはいった。ラカミエは、インヴェストコープの自尊心とビジネス能力をあなどっていた。のちにスワンソンはある助言者から、ラカミエが実際にはもう一億ドルを用意していたと聞かされたが、ラカミエがあまりにも強気で挑発的な態度をとったために、その提案を聞く前にインヴェストコープは出ていってしまった。

「そこからすべてが崩壊へと動きだしました」とモランテは振り返る。

インヴェストコープが一九九一年一月の年次経営総会の席でグッチの業績を検討したとき、多くの役員が先行きに不安を感じた。販売額は二〇パーセントも急落し、収益は出ず、次期はもっと業績が悪化すると見られている。会社の損失は何百、何千万ドルにも上っている。「下降気流のエアポケットに入ってしまった飛行機のようだった」とインヴェストコープの役員の一人でグッチの業務に深くかかわるようになっていたビル・フランツはいう。

「ほんの二、三年で、グッチ社は六〇〇〇万ドルを稼いでいた企業から、六〇〇〇万ドルの損失を計上する企業へと転落してしまいました」。のちにリック・スワンソンはいった。「マウリツィオは一億ドル以上売上を減少させ、三〇〇〇万ドルも支出を増やしたのです。彼はまるでお菓子屋で何もかもほしいと駄々をこねる子どもでした。優先順位をつけることを知らなかったんです。『私がすべてを仕切っているんだ、私にやれないはずがない』という態度でしたね」

マウリツィオはインヴェストコープで事業のパートナーにどうか時間をくれと頼んだ。「いまに需要が増える」「いまに売上は上昇に転じる」「時間の問題だ」。新商品を市場に投入するのに時間がかかりすぎたのが失敗の一つだった。安物のキャンバス地のバッグを店からさっさと引き上げさせたにもかかわらず、ドーン・メローとデザイン・チームが開発した新製品は店頭に並ばなかった。

「店には商品が何もなかったんです」。グッチUKの代表取締役を一九八九年から九九年までつとめたカルロ・マジェッロはいう。「三カ月間にわたって店には文字通り何もありませんでした。閉店するのかとお客さんが思ったくらいですよ」

「製品価格を大幅に底上げするというマウリッツィオの方針に反対する人はいませんでしたが、キャンバス地の商品群を店頭から引き上げるにあたっては、もう少し段階的に行うこともできたのではないでしょうか？」とコメントしたのはアメリカの小売業者、バート・タンスキーだ。当時サックス・フィフス・アヴェニューの社長で、その後バーグドルフ・グッドマンとニーマン・マーカス小売グループの社長とCEOをつとめた人物だ。

「グッチの人たちに懇願しましたよ。これほど成功している製品を、代替商品の投入なしに打ち切るのはおかしい、とね」。タンスキーはいう。「そんなことはお客様でもわかる基本でしょう」

インヴェストコープがグッチの販売が急落した理由を調べているとき、イラク上空に戦闘機が飛び交いだした。一九九〇年八月二日、ついにイラクがクウェートに侵攻して中近東地域の緊張が高まった。八月八日、クウェートが石油を過剰に生産して価格を引き下げていることに怒ったイラクは、ついに公式に併合した。サダム・フセインが、国連が通告した期限である一九九一年一月一五日までにクウェートから撤退しなかったために、アメリカ中央軍司令官のノーマン・シュワルツコフに率られた多国籍軍がイラクに大々的な空爆を始め、地上での戦闘が続いた。二月二八日に戦闘終結したものの、湾岸戦争は高級ブランド市場に壊滅的な打撃を与えた。

「ブランド産業は湾岸戦争で打ち砕かれました」。一九九〇年九月にインヴェストコープを辞めたものの、デューティーフリー・ショッパーズ（DFS）の役員の一人としてブランド産業にかかわっていたポール・ディミトルクはいう。DFSは免税店の販売網を持ち、高級ブランド品を扱う最大の小売業者である。「湾岸戦争は世界中の人々に恐怖を与えました。あとで振り返ると非常時の異常な興奮だったのですが、当時は非常になまなましい恐怖心だったのです」。ディミトルクはいう。「何かひどいことが起こっているという感情でした。みんな飛行機に乗りたがらなくなりましたし、少なくとも中近東に行くのをやめました。それまで高級ブランドに金をつぎこんでいたのはアメリカ人と日本人です。彼らが戦争のせいで買ってくれなくなって、市場は崩壊しました」。もっと悪いことに、同時期に日本の株が急落し不動産市場が打撃を受けた。

「東京の株式市場の平均株価は三万九〇〇〇円から一万四〇〇〇円まで急落しました」。ディミトルクは続けた。「戦争以外の理由では、一回の下げ幅としては世界史上最大です」

ラカミエとの交渉が決裂し、湾岸戦争が勃発したあと、モランテはもはやマウリツィオを救う白馬の騎士《ホワイト・ナイト》はあらわれないと悟った。彼は会社をこまかく調べて、どこかに生き残る道はないかと探った。

「私は会社の経営状態を数字であらわして、マウリッツィオに何かしら手を打つようにと脅したりすかしたりしましたが、どうにもなりませんでした」。モランテはいった。彼はグッチの一九九一年の損失は一六〇億リラ（一三〇〇万ドルほど）に上ると計算した。「売上は上向く様相を見せず、収益はなく、経費はうなぎ上りで、会社の現金はもう底を尽いていました。マウリッツィオは、会社を動かしていくためのキャッシュフローの考え方をわかっていませんでした。彼は直感で経営するんです。直感に頼る経営では、うまく回っているときにはなんとか切り抜けられても、悪いほうに転がりだすともう抜け出せなくなる」。アルドも直感に頼ったが、アルドにはマウリッツィオに欠けていた商才があった。マウリッツィオの場合、直感は役立たなかった。

モランテが会社始まって以来の危機に目を向けさせようと躍起になったものの、マウリッツィオはすでに彼に対する信頼を失っていたため、その警告はむなしかった。マウリッツィオはファビオ・シモナートという新しいお気に入りを助言者と決め、人事部長として彼を経営陣に引き入れた。モランテは七月に辞職したが、マウリッツィオに頼まれて少しだけ社にとどまった。

一九八七年以来、モランテはマウリツィオを助けてグッチ家の持株をめぐる内紛を収束させ、新しい資金提供のパートナーを見つけ、あらたな経営チームを作るのに手を貸し、マウリツィオがインヴェストコープから独立して経営権を掌握できるよう別の株主候補を見つけてきたりもした。「残念ながら、やれるだけのことはやったものの私が望んだようにはいきませんでした」。モランテは辞職届の手紙に書いた。「私は自分の道を進むことになります」。モランテはミラノにある金融業務を行なう特殊銀行に入り、のちにロンドンに戻ってクレディ・スイス・ファースト・ボストンに入社した。自分がもっとも得意とする金融取引の仕事に戻ったわけだが、マウリツィオとともに過ごした日々は忘れがたく記憶に刻まれている。前任者のディミトルク同様、グッチでの経験は彼にのちのちまで大きな影響を及ぼした。

（下巻に続く）

本書は二〇〇四年九月に講談社より単行本として刊行された『ザ・ハウス・オブ・グッチ』に新たなあとがきを付し、改題し二分冊で文庫化したものです。

津波の霊たち
3・11　死と生の物語

GHOSTS OF THE TSUNAMI

リチャード・ロイド・パリー
濱野大道訳
ハヤカワ文庫ＮＦ

在日20年の英国人ジャーナリストは被災地で何を見たのか？　東日本大震災直後から東北に通い続けた著者は、宮城県石巻市立大川小学校事故の遺族と出会う。取材はいつしか相次ぐ「幽霊」の目撃情報と重なり合い――。『黒い迷宮』の著者が津波のもたらした見えざる余波に迫る。文庫版書き下ろし著者あとがき収録。

後悔するイヌ、嘘をつくニワトリ

動物たちは何を考えているのか？

DAS SEELENLEBEN DER TIERE

ペーター・ヴォールレーベン

本田雅也訳

ハヤカワ文庫ＮＦ

叱られるとバツが悪そうな表情をするイヌ、メンドリを欺いて誘惑するオンドリ、ネコに愛情をそそぐカラス、名前が呼ばれるまで待つ礼儀正しいブタ……。動物たちの感情や知性は想像以上に奥深い。ドイツで27万部のベストセラー。森林官が長年の体験と科学的知見をもとに綴ったエッセイ。『動物たちの内なる生活』改題

マインドハンター

―FBI連続殺人プロファイリング班

Mindhunter

ジョン・ダグラス
&マーク・オルシェイカー

井坂 清訳

ハヤカワ文庫NF

女性たちを森に放って人間狩りを楽しむ。母親と祖父母ら十人を惨殺――。連続殺人者たちをつき動かすものは何か？　獄中の凶悪犯たちに面接し心理や行動を研究、綿密なデータを基に犯人を割り出すプロファイリング手法を確立し、数々の事件を解決に導いた伝説的捜査官が戦慄の体験を綴る

音楽嗜好症《ミュージコフィリア》

——脳神経科医と音楽に憑かれた人々

MUSICOPHILIA

オリヴァー・サックス

大田直子訳

ハヤカワ文庫ＮＦ

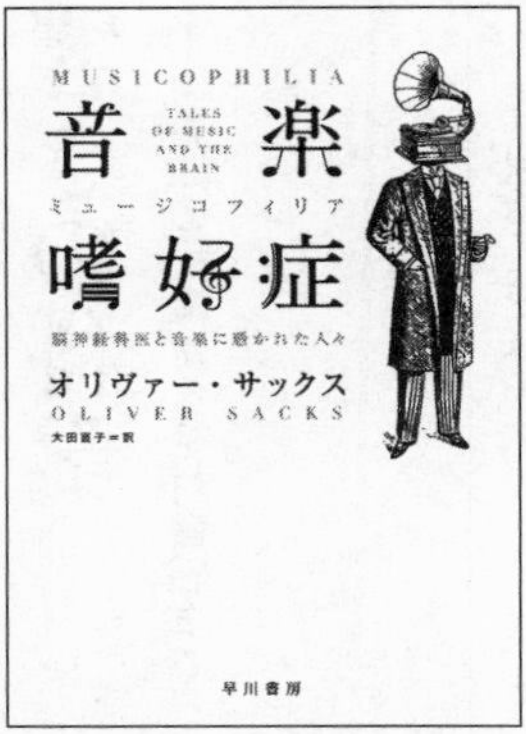

音楽と人間の不思議なハーモニー

落雷による臨死状態から回復するやピアノ演奏にのめり込んだ医師、ナポリ民謡を聴くと必ず、痙攣と意識喪失を伴う発作に襲われる女性、指揮や歌うことはできても物事を数秒しか覚えていられない音楽家など、音楽に「憑かれた」患者を温かく見守る医学エッセイ。

ホワット・イフ？

Q1 野球のボールを光速で投げたらどうなるか
Q2 だんだん地球が大きくなったらどうなるか

WHAT IF?

ランドール・マンロー
吉田三知世訳
ハヤカワ文庫ＮＦ

〈野球のボールを光速で投げたらどうなるか？〉を筆頭に、ありえないけどちょっと気になる、著者のＨＰに寄せられたトンデモ質問の数々。それらに、元ＮＡＳＡのロボット技術者という経歴をもつウェブコミック作家が、まじめな科学とちょっぴりブラックなユーモア、そしてイラストもたっぷりに回答します。　解説／稲垣理一郎

訳者略歴　翻訳家，ライター　上智大学仏語学科卒　訳書にトーマス『堕落する高級ブランド』，ガンスキー『メッシュ』，リトルトン『PK』，サンチェス・ベガラ『ココ・シャネル』他多数，著書に『翻訳というおしごと』など

HM=Hayakawa Mystery
SF=Science Fiction
JA=Japanese Author
NV=Novel
NF=Nonfiction
FT=Fantasy

ハウス・オブ・グッチ
〔上〕

〈NF582〉

二〇二二年十二月　二十日　印刷
二〇二二年十二月二十五日　発行
（定価はカバーに表示してあります）

著者　サラ・ゲイ・フォーデン
訳者　実《じつ》川《かわ》元《もと》子《こ》
発行者　早川　浩
発行所　株式会社　早川書房
郵便番号　一〇一 - 〇〇四六
東京都千代田区神田多町二ノ二
電話　〇三 - 三二五二 - 三一一一
振替　〇〇一六〇 - 三 - 四七七九九
https://www.hayakawa-online.co.jp

乱丁・落丁本は小社制作部宛お送り下さい。
送料小社負担にてお取りかえいたします。

印刷・株式会社亨有堂印刷所　製本・株式会社フォーネット社
Printed and bound in Japan
ISBN978-4-15-050582-0 C0198

本書は活字が大きく読みやすい〈トールサイズ〉です。